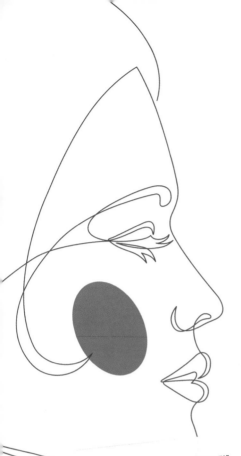

敏感肌自救

手册 MANUAL

U0264006

马寒　桂红　刘婷

主　编

SPM
南方传媒

广东科技出版社
全国优秀出版社

· 广　州 ·

图书在版编目（CIP）数据

敏感肌自救手册 / 马寒，桂红，刘婷主编. — 广州：广东科技出版社，2024.8

ISBN 978-7-5359-8315-2

Ⅰ. ①敏… Ⅱ. ①马… ②桂… ③刘… Ⅲ. ①皮肤－护理－手册 Ⅳ. ①TS974.11-62

中国国家版本馆CIP数据核字（2024）第080634号

敏感肌自救手册

Minganji Zijiu Shouce

出 版 人：严奉强
责任编辑：黎青青　贾亦非
装帧设计：友间文化
责任校对：邵凌霞
责任印制：彭海波
出版发行：广东科技出版社
　　　　　（广州市环市东路水荫路11号　邮政编码：510075）
销售热线：020-37607413
https://www.gdstp.com.cn
E-mail: gdkjbw@nfcb.com.cn
经　　销：广东新华发行集团股份有限公司
印　　刷：广州一龙印刷有限公司
　　　　　（广州市增城区荔新九路43号1幢自编101房　邮政编码：511340）
规　　格：889 mm×1 194 mm　1/32　印张5.5　字数135千
版　　次：2024年8月第1版
　　　　　2024年8月第1次印刷
定　　价：49.80元

在我从事皮肤科漫长的临床、教学与研究的旅程中，我亲眼见到无数患者因敏感肌而承受的苦楚与挑战。敏感肌所带来的影响甚至超过一些皮肤疾病本身——它让敏感肌的朋友时刻处于肌肤不稳定的担忧之中，陷入不安及恐惧。尤其是见到他们因不懂得科学知识和护理方法而病急乱投医的时候，这种无助感更是让我痛入心扉。

该书的诞生，就是为了给所有受敏感肌困扰的人群，提供一本可供参考执行的全方位的敏感肌养护，包含针对肌肤养护、饮食、生活等各个方面指南。书中用浅显易懂的语言，引导每一位读者走进肌肤的微妙世界，教会他们如何精心挑选护肤品，如何在日常生活中避免那些可能伤害肌肤的隐形杀手，以及如何通过我们的餐盘直接滋养我们的肌肤，使之焕发生机与活力。同时，面对敏感肌肤的各种常见烦恼——无论是敏感、暗沉、色斑、衰老，还是痤疮，书中均提供了一系列的科学解决方案和护理建议，目的是帮助每一个敏感肌的朋友找到适合自己的护肤秘籍，改善肌肤问题，从而在生活中更加自信、快乐。

鉴于该书的科学性和实用性，我推荐敏感肌的朋友都来阅读这本书，也推荐从事敏感肌临床诊疗、美容护理、化妆品研发生产等领域的朋友参考此书，相信《敏感肌自救手册》将成为每位敏感肌朋友珍贵的护肤宝典。同时，无论是初次涉足皮肤健康领域的新手，还是一直在探索解决之道的经验丰富者，《敏感肌自救手册》都将能帮助大家开启一段关于敏感肌护理的全新思路与旅程，带领大家走向更加健康、美丽的自己。

中山大学附属第三医院皮肤科学术带头人、主任医师、博士研究生导师

中山大学附属第三医院化妆品检测中心主任，化妆品皮肤病监测机构负责人

广东省医疗行业协会副会长兼皮肤科管理分会主任委员

国际皮肤科学会联盟（ILDS）、美国皮肤科学会（AAD）及欧洲皮肤病与性病学会（EADV）国际会员

中国食品药品检定研究院化妆品技术审评咨询专家

序二
Preface 2

　　作为一名长期致力于皮肤疾病研究和治疗的医生，我在临床实践中遇到大量因敏感肌问题而苦恼的患者。敏感肌不仅会引发肌肤的不适和影响外观，更会给患者带来诸如悲观、焦虑等精神心理压力。尤其当肌肤无缘无故地发红、产生灼热感时，患者的正常社交和生活受到严重影响，更有不少女性由于敏感肌而长期无法正常使用护肤品及化妆品。

　　同时，我也发现许多敏感肌的朋友在生活中不知道如何科学地护理自己的肌肤，盲目使用不合适的护肤品，甚至采用不科学的手段护肤，这反而让她（他）们的肌肤变得更糟糕。我欣慰地看到，这本专门为敏感肌量身定制的《敏感肌自救手册》的出版，能为广大的敏感肌朋友们提供一份全面、可靠的日常养护实用建议。

　　该书囊括了敏感肌护理的各个方面，从基础的皮肤知识入手，为大家描绘了一个生动的皮肤世界，旨在让大家更了解自己的肌肤。此外，本书还针对性地为敏感肌朋友提供了饮食、生活方式的详细建议，且每一个建议和方案均基于科学研究和临床经验，确保为读者提供了非常实用、安全的护肤知识。

　　最后，希望本书不仅能够帮助读者解决肌肤上的问题，更重要的是，提升他们的自我护理能力，增强对自身皮肤健康的认识和管理。让每一位敏感肌的朋友都能够拥有健康、美丽的肌肤，享受生活带来的美好。

复旦大学附属华山医院皮肤科主任医师，教授，博士研究生导师

中国整形美容协会皮肤美容分会会长

全国微创与皮肤美容分会副会长

中国医师协会皮肤科医师分会（CDA）副会长

日常生活中，敏感肌已成为许多人的困扰。突如其来的面部红肿、灼热、刺痛、瘙痒等症状，往往对生活、工作和学习造成了严重的影响，常常使我们陷入尴尬境地。但是不当的护肤方法和产品选择，又给我们造成了更多的麻烦。皮肤失去了自我修复的能力，症状反复发作，陷入到复发、皮肤修复环境破坏、加重、短期内再次复发的恶性循环中。此时，我们急需专业性的意见和肌肤护理方法的指导，以帮助敏感肌的恢复走在正确的道路上。

　　本书从皮肤的基础知识讲起，尝试帮助大家熟悉和了解简单的皮肤护理原理，掌握一些正确护肤的方法和实用小技巧，让大家能在轻松愉快的阅读中，快速掌握这些知识，并在日常生活中具体运用，让护肤不再迷茫，让每一位敏感肌朋友都能找到一些适合自己的护肤方法，重拾笑脸和自信。

　　接下来，就让我们开启这趟敏感肌人群的自我救赎之路吧！

目　录
CONTENTS

第一章

了解皮肤知识

皮肤的结构和功能

皮肤是我们身体非常重要的器官，它不仅影响着我们的颜值，还具有非常重要的生理功能。作为身体天然的"保护伞"，皮肤能将病原体、有毒物质、过敏原等统统阻挡在外，它还是天然的"人体空调"，既能散热，又能保暖，还能保持体内水分的平衡，让身体维持良好的温度和湿度。

皮肤组织可以细分为表皮、真皮和皮下组织，我们的日常皮肤护理，大部分是作用于表皮层。下面我们一起来探索了解皮肤的生理结构。

·表皮层·

表皮层是护肤品能作用到的主要皮肤层。从肉眼可见的最外层到不可见的内层皮肤，表皮层主要分为以下几个层次。

 角质层

它位于皮肤的最表面。这一层含有的"水油混合物"是皮肤外层的珍贵皮脂，这些皮脂能够起到防水、防菌的作用。

角质细胞◄包含天然保湿因子(NMF)

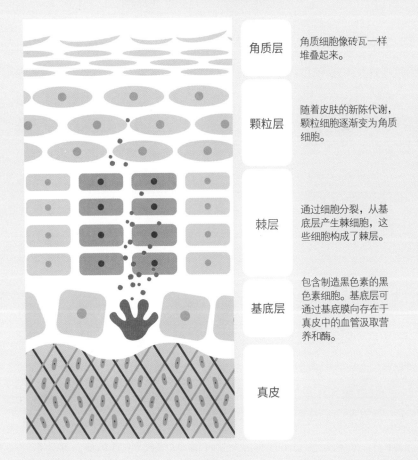

角质层 角质细胞像砖瓦一样堆叠起来。

颗粒层 随着皮肤的新陈代谢，颗粒细胞逐渐变为角质细胞。

棘层 通过细胞分裂，从基底层产生棘细胞，这些细胞构成了棘层。

基底层 包含制造黑色素的黑色素细胞。基底层可通过基底膜向存在于真皮中的血管汲取营养和酶。

真皮

皮肤的两大屏障

第一道屏障

▼

角质层

能够阻挡来自外部的刺激，还能防止水分蒸发。

- -

第二道屏障

▼

肌肤水坝

存在于颗粒层中的屏障，能够帮助角质层的pH处于弱酸性，同时还能有效保证细胞间脂质及天然保湿因子正常的合成、代谢。

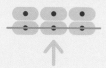

肌肤水坝可以保证正常的皮肤细胞之间紧密连接在一起，以便有效锁住水分。

当角质层受损时，皮肤会干燥、起皮、敏感；当角质层过厚时，则容易出现毛孔堵塞、肤色暗沉等问题。

角质层内存在着对皮肤有益的珍贵脂质（如磷脂、神经酰胺、游离脂肪酸、胆固醇）、天然保湿因子（即NMF，如氨基酸），它们具有滋润、保湿，以及保护皮肤的重要作用，许多具有保湿功效的护肤品，补充的其实就是这类物质。

 颗粒层

颗粒层是一层致密坚固的组织，它们的主要功能是防止有害的异物进入皮肤内层，避免内部的水分流失，帮助皮肤过滤外来的紫外线，以免皮肤受到伤害。

黑色素也常常沉积在这里。当颗粒层受损时，皮肤会暗沉、长斑。常温下，颗粒层呈封闭状态；但如果遇到高温（如蒸脸、热敷）的环境，颗粒层便会出现裂隙。这样既有好处，也有坏处，好处是裂隙的出现意味着护肤成分能更好地进入皮肤深层，坏处则是皮肤内在的珍贵物质也容易随着裂隙外泄，因此经常这样做反而会导致皮肤内部营养物质的流失，出现皮肤敏感等问题。

 棘层

　　棘层是皮肤层中最厚、最有生命力的一层，富含大量的水分，为细胞提供营养，形成皮肤的"感觉"功能。棘细胞具有强大的再生能力，参与皮肤伤口的愈合；这一层还存在皮肤的免疫细胞（朗格汉斯细胞），能识别、吞噬有害物质。

　　棘层营养充足能促进表皮细胞的健康生长，帮助伤口愈合。棘层受损之后，皮肤会出现敏感、伤口愈合迟缓等问题。

基底层

　　基底层是皮肤细胞生长的源头，从这里开始，皮肤不断产生新的细胞，其是皮肤修复和再生能力的根本所在。

　　这里存在着基底细胞，细胞的代谢从这里开始，以28天左右为一个代谢周期。随着年龄增长及后天因素，基底细胞会逐渐萎缩、受损，皮肤更新速度减慢，皮肤逐渐变得暗沉、衰老。这里还存在黑色素细胞，负责产生黑色素。

·真皮层·

　　表皮层继续向下延伸就进入了真皮层，真皮层对皮肤衰老进程起着决定性的作用。这里存在着皮肤细胞、纤维基质，以及丰富的血管、神经等。

我们所熟知的胶原蛋白、弹性蛋白、弹性纤维等决定皮肤衰老与否的物质都大量存在于这一层，但很遗憾的是，我们通过涂抹护肤品，很难去干预这些重要物质。

尽管如此，对皮肤而言，护肤品仍非常重要。对表皮层而言，护肤品属于直接涂抹后就可以被吸收的"营养剂"，它能帮助皮肤更好地发挥原有的功能，即促进皮肤的新陈代谢、避免皮肤受损和延缓衰老。

正如前文所言，不同皮肤层具有不同的结构、成分和作用，因此，不同成分的护肤品能发挥的作用也不一样，我们将在下面的内容中详细介绍。

第二节

护肤品的作用

你可以将护肤品视为一种"满足皮肤需求"的工具，每个人的皮肤情况都是不一样的，每个人需要的护肤步骤和护肤品也是不一样的。那我们一起来看看，皮肤需要的究竟是什么呢？

·肌肤细胞需要更新代谢·

最表层的角质细胞需要日复一日地进行自我更新分化，坏死的角质细胞会成为皮屑，并最终脱离皮肤表面，这个过程能让皮肤"焕然一新"。与之相对应的皮肤护理过程为：我们需要每日清洁皮肤，帮助皮肤去除这些坏死的细胞、表层的污渍、过度分泌的油脂，避免它们堵塞毛孔，让皮肤看起来更透亮。

·皮脂对肌肤的作用·

皮脂腺会分泌皮脂，汗腺会分泌汗液，虽然它们能在皮肤的表面形成一层脂质的保护膜，但是它们被氧化之后，很容易变成细菌的"美食"，从而导致皮肤发炎、长痘——这意味着我们需要通过清洁来去除这些氧化的汗液、油脂，避免它们在皮肤表层变成有害微生物的温床。不过，我们也不能过度清洁，那样反而会破坏皮肤天然的脂质屏障。因此，在每次清洁皮肤之后，我们需要再涂抹一些有益的保湿或脂质成分，给皮肤穿上一层新的"防护服"，避免损伤脂质屏障。

·肌肤的吸收功能·

皮肤具有与生俱来的吸收外界物质的能力，这也是我们涂抹了护肤品之后，里面的成分能够被皮肤吸收，并最终作用于皮肤的原

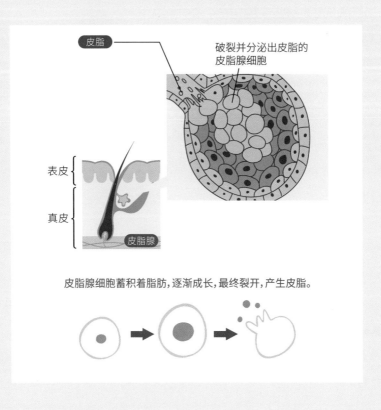

皮脂

破裂并分泌出皮脂的
皮脂腺细胞

表皮

真皮

皮脂腺

皮脂腺细胞蓄积着脂肪,逐渐成长,最终裂开,产生皮脂。

因。皮肤主要通过角质层来吸收,此外,毛囊皮脂腺开口、汗管口也具有一定的吸收能力。当然,我们的皮肤也不是对所有物质"来者不拒",它本身可是一个非常强大的"过滤器",能帮我们过滤掉大部分外来的有害物质。所以当我们涂抹护肤品之后,要想有效成分顺利地渗入皮肤,还是有一定条件的。

皮肤的吸收功能受到诸多因素的影响

皮肤的厚薄

敏感肌由于皮肤比较薄，皮肤的吸收性就会更好，看起来这似乎是一件好事情。但这也意味着，正常肌肤不会吸收的护肤成分，也会被敏感肌吸收，从而产生过敏等皮肤刺激反应（关于敏感肌与皮肤过敏的区别我们会在第十章谈到）。

就算是同一个人，由于皮肤厚薄的不同，不同部位的皮肤吸收能力也不一样，按照吸收能力的强弱排序，依次为：阴囊＞前额＞下肢屈侧＞上臂屈侧＞前臂＞手掌、足底。另外，皮肤出现破损时，其吸收能力也会大大增强，因此，如果你的皮肤不小心出现了破损，最好先不要使用护肤品或具有刺激性的外用物质，而应该使用促进伤口愈合的药膏（比如选择含有生长因子的药膏），帮助皮肤修复和愈合。

角质层的水合程度

你可以简单地理解为：皮肤的含水量越高，皮肤的吸收能力越好。皮肤科医生在治疗一些皮肤疾病的时候，为了增加外用药物的皮肤吸收率，会使用保鲜膜将涂抹完药膏之后的皮肤包裹起来。这其实就是利用保鲜膜阻止皮肤水分的蒸发，提高了角质层的水合程度，从而有助于药物成分的吸收，面膜也采用了类似的原理。

护肤品是否容易被皮肤吸收

为了让皮肤更加健康、美丽，我们需要各种不同功效的护肤品，比如保湿、舒缓修复、美白、抗氧化、抗衰老等。维生素C、维生素E就是很好的抗氧化成分，它们天然存在于许多水果之中，但如果直接将这些水果涂抹到脸上，能被皮肤吸收、利用吗？答案显而易见——并不能。护肤品的存在，正是为了解决这一问题，通过基质成分、渗透技术等，护肤品将这些对皮肤有益的成分，安全输送到皮肤的深层，促进它们被吸收利用。

外界环境因素

温度的升高会使皮肤血管扩张、血流速度增加，从而提高皮肤的吸收能力；环境湿度也会影响皮肤的吸收能力，在湿润的环境中皮肤的吸收能力会更强。因此，不妨让室内保持在一个最佳的温度（25℃左右）和湿度（50%~60%）。在洁面之后，皮肤在半干的状态下就可以开始涂抹护肤品，这也能帮助护肤成分更好地被吸收。

第三节

影响皮肤的因素

·遗传基因·

遗传对皮肤起着决定作用，从皮肤的基本特性到其衰老过程，再到对外部环境的反应，遗传为我们每个人的皮肤画下了独特的蓝图，决定了我们皮肤的基本颜色，是否容易敏感、长痘、长斑。甚至不少皮肤疾病均与遗传相关，如鱼鳞病、银屑病、毛囊角化病、雀斑等。

例如，部分人群的皮肤天生对阳光中的紫外线敏感，这主要由他们的遗传皮肤类型和色素沉着程度所决定。这种敏感性可能增加他们罹患光线性角化病、皮肤癌等疾病的风险。同时，也有部分人群的日光敏感性体现在皮肤容易晒伤、晒黑及出现色斑等。

此外，皮肤的油脂分泌情况亦受遗传因素的调控，如某些个体皮肤油脂分泌旺盛，因此更易出现痤疮、毛孔粗大和黑头粉刺等问题。

关于皮肤衰老，遗传同样是一个关键因素。科学研究发现，某些基因如抗氧化相关基因和胶原蛋白生成基因的变异，可影响皮肤的弹性和皱纹生成的速度。同时，基因还决定着皮肤的修复能力，进而影响每个人伤口愈合的速度。

·年龄的大小·

我们的皮肤会随着岁月的增长而出现一系列明显的变化。

 婴儿时期

这个时候的皮肤最为薄、嫩，没有受到过任何来自外界的伤害，如日晒、环境污染等。在这个时期，皮肤看起来通透而无瑕。但其实这个时期，皮肤功能是不完全的，大约成长到3岁，皮肤的结构才会比较成熟。

 青春期

皮肤会迎来一个活跃期，并由细弱变得致密，这个年龄段也是我们的皮肤最具有活力的时期。当然，也有一部分人可能由于性激素、遗传基因的作用，皮脂腺的功能过于旺盛，皮脂分泌增加，从而引发痤疮等皮肤问题。因此，在这个年龄阶段应当注意面部的清洁和控油，避免长痘的情况进一步恶化、加重。

 成年至40岁以前

随着年龄的进一步增长，人体的新陈代谢会逐渐变慢，蛋白质的合成速度大大降低，真皮中的胶原蛋白等让皮肤保持年轻的物质会大量流失，皮肤逐渐出现皱纹、松弛、下垂等衰老问题。另外，随着年龄增长，除了胶原蛋白流失，维持肌肤健康、水润的物质（如神经酰胺、天然保湿因子、透明质酸等）也会显著减少，我们的皮肤会逐渐变得干燥、敏感，失去弹性，甚至出现各类皮肤疾病。

40 ～ 50岁

皮肤的衰老无法避免，表皮细胞的更新速度大大减慢，角质层堆积，皮肤显得粗糙、晦暗，在受伤、日晒之后的修复速度明显变慢。皮肤内的紫外线保护者——"黑色素细胞"也会变弱，使得皮肤对紫外线的防护功能下降，更容易出现皮肤癌等病变。

需要特别警惕的是，这些皮肤癌在初期，看起来可能跟"色素痣"没有肉眼可见的区别，但会进一步发展，出现破溃、出血等症状，并伴有瘙痒、疼痛等不适的感觉。

 50岁之后

无论男性还是女性，都会出现"更年期"的问题，但女性通常会有更明显的症状。在这个时期，皮肤会变得更干燥、更薄。皮肤的生理功能下降，随之出现老年性的干燥、湿疹（老年性特应性皮炎）等问题。此外，皮肤还会出现各种老年性的改变，比如老年斑、老年性点状白斑、老年性血管瘤等。

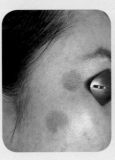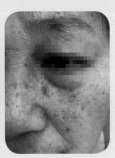

·性别的差异·

很明显，性别的差异决定了男女皮肤之间也存在诸多差异，这也意味着，男女之间的护肤要点不完全相同。

◎ 男性的皮肤比女性的更厚、更粗糙，这也是为什么你更容易见到皮肤敏感的女性，而不是皮肤敏感的男性。

◎ 男性皮脂分泌得更多，更容易出现毛孔粗大、长痘等皮肤问题。雄性激素让男性更具有"男子气概"，但也让男性的汗腺、皮脂腺更发达，从而分泌出更多的汗液、皮脂，使男性的皮肤更容易出现毛孔粗大、长痘。

◎ 男性皮肤的黑色素含量更高，这可未必是坏事！相反，黑色素含量更低的女性反而应当警惕！肌肤的黑色素含量更少，意味着日光照射肌肤后，肌肤内能主动中和掉日光伤害的黑色素数量更少，肌肤更容易被日光晒伤，甚至出现皮肤癌！

◎ 雌激素是女性特有的一种激素，对皮肤有着不可替代的重要作用：增强角质细胞，让皮肤变"厚"，避免皮肤敏感；增加真皮胶原含量和稳定性，促进弹力纤维的合成，保持皮肤年轻；促进真皮透明质酸的产生，提高真皮含水量，让皮肤维持水润、饱满。然而随着年龄的增长，女性身体内的雌激素会不断地走下坡路，尤其是35岁之后，雌激素会出现断崖式下降，随之出现皮肤迅速衰老、干燥等问题。

·光的作用·

生活中的"光"无处不在，它们对皮肤具有相当的好处，但也有不可避免的坏处。

光线的好处

在常见的光线（如日光、火光、灯光、电器显示屏光等）中，最受喜爱的无疑是日光。日光会给我们提供诸多的好处，直射到皮肤上的日光会影响血清素和褪黑素的新陈代谢。当日光充足的时候，人体会分泌大量的血清素，而血清素是一种有效的抗抑郁剂，会让人感到心情愉悦。当外界光线昏暗的时候，褪黑素则会大量分泌，褪黑素又被叫作"黑夜荷尔蒙"，它会帮助身体进入夜晚模式，保证良好的睡眠。

由此可见，光线—黑暗的有序更替会维持血清素、褪黑素的平衡，保证我们在夜间有良好的睡眠，在白天有愉悦的心情。

我们常常说"夜晚是皮肤修复的宝贵时间"，这也归功于褪黑素的皮肤基因守卫作用。在夜间，这种激素会大量分泌，保护遗传物质和蛋白质结构，而蛋白质正是构建我们皮肤表皮、真皮等组织的重要物质之一。睡得好，肌肤才能在夜间有效地完成自我修复。

在日晒的协助下，阳光中的UVB（紫外线B）通过照射皮肤，能帮助合成维生素D，这是一种对人体健康相当重要的脂溶性维生素。但除了"日光补钙"的方式之外，我们的身体还有第二个重要的补钙途径，那就是膳食摄取。随着年龄的增长，人体对维生素D的需求会愈发强烈，单纯依靠日晒已无法产生足够的维生素D，此时则需要补充额外的维生素D营养剂。

 光线的坏处

日光也有它不好的一面，尤其是对我们的肌肤，最恶名昭著的就是"光老化"效应。日晒还会让皮肤分泌更多的皮脂，甚至发炎、长痘、长斑，部分人群还可能对日光产生过敏，最严重的是，长期暴露于日光之下还会增加患皮肤癌的风险。

光老化

据统计，90%的皮肤老化是由紫外线引起的。在晴天日晒充足的时候，10分钟的日光直射就能对皮肤产生影响，如果你的防晒措施不到位，皮肤很容易就被晒伤、晒老。

对我们皮肤影响最大的光线是UVA（紫外线A）和UVB，尤其是UVA，不仅会让皮肤晒黑，还会导致皮肤自由基生成，影响真皮中的胶原、弹力纤维组织，使皮肤出现不可逆的老化。

蓝光的伤害

除了紫外线之后，还有一个非常容易被我们忽略的有害光线——蓝光！

蓝光属于"可见光"的一部分，其波长是380～500纳米，是我们肉眼能看见的光，生活中，太阳、显示器、手机、电视等都会发射蓝光。当然，我们也不能一竿子打死所有的蓝光。波长400～450纳米的蓝光"相对有害"，它们会对我们的眼睛产生明显的伤害；而波长450～500纳米的蓝光则"相对有益"，它们对瞳孔反射和发育具有相当的益处，还有助于调节昼夜节律，维持和调节记忆、情绪、激素平衡。

除此之外，蓝光对皮肤也有伤害。最明显的就是，很多人通宵对着屏幕打游戏、刷剧、赶工作，第二天早上会发现皮肤变得格外暗沉……这其实不是你的"错觉"哦！除了熬夜本身的伤害，蓝光对皮肤造成的伤害也不容小觑！

早在2014年，就有科学家发现，蓝光会促进皮肤内黑色素的生成，并且蓝光的剂量越大，黑色素沉着就越明显，并且蓝光更"钟爱"破坏黄种人的皮肤。蓝光还会增加活性氧的产生，加剧皮肤的氧化、衰老过程。另外，蓝光造成的色素沉着会比UVB造成的更顽固、持久……

蓝光除了直接伤害我们的皮肤，还会通过睡眠间接影响。睡觉之前，褪黑素能增加我们想睡觉的欲望，但如果房间有光照或电子屏幕的蓝光，会导致褪黑素的分泌不足，睡眠变差，皮肤无法在夜间得到很好的修复。

·环境污染·

雾霾对皮肤的伤害

在高度工业化的现代，尤其在城市生活中，环境污染日益严峻，这些被污染的空气环境，是否也会对我们的皮肤产生伤害呢？

答案自然是肯定的，我们最熟知的灾害性天气之一是"雾霾天气"，它对皮肤的伤害主要来自其中的$PM_{2.5}$——空气中直径≤2.5微米（μm）的颗粒物，这些细颗粒物包括有机碳（OC）、元素碳（EC）、硫酸盐、硝酸盐、铵盐、钠盐、铅、铜（Cu）等，它们通常来源于工业、发电、汽车尾气排放等。这些细颗粒物能长时间停留于大气中，且能漂浮到很远的距离，还容易黏附有毒、有害物质（如重金属、微生物等），对皮肤造成明显的伤害。

雾与霾的区别

雾由悬浮于空气中的小水滴组成，颜色偏白，空气相对湿度大于90%，能见度小于1千米。而霾是什么呢？它其实是空气污染的"原罪"之一，由空气中的灰尘、硫酸、硝酸等粒子组成，呈黄色或橙灰色，空气相对湿度小于80%。如果空气相对湿度介于80%～90%，能见度仍然很低，则是雾和霾共同作用的结果。

雾霾是如何伤害皮肤的呢？很多朋友都有这样的感受，当我们穿上未清洗的新衣服，会发现皮肤接触衣服的位置可能出现发红、瘙痒，这其实就是衣服在生产、运输、销售环节中黏附了环境中的微颗粒物质，对我们皮肤产生了伤害。同样的道理，当皮肤接触到空气中这些有害的微颗粒物质——也就是PM$_{2.5}$的时候，尤其对于本身抵抗力差的敏感肌，肌肤就会出现各种问题。

- PM$_{2.5}$由于体积特别小，非常容易堆积在皮肤的表面，堵塞毛孔，阻碍皮肤正常的新陈代谢，导致皮肤毛孔粗大、长粉刺、发炎、长痘等。
- 我们的肌肤完全暴露在外，并与空气密切接触，而雾霾之中含有一些光敏剂，如硫酸盐，这些光敏剂会将日光的伤害放大、加倍，甚至导致肌肤出现"光过敏"，更容易出现晒伤、发炎等问题。
- 雾霾会吸附大量的有害物质，如病原体、重金属、花粉等，导致皮炎、湿疹、荨麻疹等皮肤疾病的发生。

 环境改变皮肤微生物

在我们的皮肤表面，存在着大量肉眼不可见的微生物，当然，大家不要一听到"微生物"就觉得它们是有害的，其实皮肤上的大部分微生物都是非致命性的，它们本身对皮肤无害，但当我们的生活环境发生变化时，部分微生物可能会变成有害的"致病菌"。

一项有趣的研究发现，农村与城市皮肤微生物群落之间会出现明显的差异。比如城市居民眉毛间的"角质杆菌"含量会高于农村居民，这种微生物是引起面部长痘的主要原因；而农村居民皮肤上"棒状杆菌"的含量会高于城市居民，这种微生物则被认为是无害的非致病菌。另外，研究还发现，随着城市化的进展，城市人群的皮肤和房屋中有更多的潜在致病菌株，比如曲霉菌、马拉色菌、念珠菌等。这说明，在污染程度更高的城市中，我们的肌肤越容易出现各类的问题。

备忘录

为了减少环境污染对肌肤的伤害，我们可以采取以下措施

☑ 减少不必要的外出：不在雾霾天气进行晨练、运动等户外活动。

☑ 保持室内卫生：特别注意清理角落、空调滤网等容易积灰的地方。

☑ 选择郊外暂居：有条件的情况下，可以不定期回到污染程度较低的郊外暂住，放松身心的同时，也能为肌肤提供一个更加清新、健康的环境。

☑ 佩戴口罩：在雾霾天气中不得不外出时，应佩戴能够有效过滤颗粒物的口罩。

· 睡眠作息 ·

睡眠充足能让我们保持心情愉悦，拥有更具活力的外貌，看起来更富有吸引力。反之对肌肤而言，睡眠不足（每晚 < 6 小时）则会让

我们出现疲倦、病态的外观，比如黑眼圈、皮肤苍白、长痘、细纹滋生、衰老……

2021年的一项研究表明，在连续熬夜3天（每晚只睡3小时）之后，皮肤的各项客观生理指标出现了明显的改变：水合能力下降、经表皮水分丢失（TEWL）增加、皮肤的延展性及弹性下降、氧化加剧、pH值上升。

睡眠对肌肤的自我调节具有非常重要的作用，在睡眠的作用下，多种激素和促炎细胞因子都表现出昼夜节律性，在夜间，生长激素、褪黑素促炎细胞因子［白细胞介素（IL）-1、IL-2、IL-6、肿瘤坏死因子-α（TNF-α）等］的水平逐渐上升，而皮质醇激素的水平在夜晚呈现下降趋势，这些都有助于提高我们的睡眠质量；在我们清晨醒来之后，抗炎细胞因子（IL-4、IL-10）的分泌则会逐渐升高，让我们白天保持饱满的精神状态。

然而，一旦睡眠失调，身体原有的激素、炎症标志物的更替规律也会被打乱，导致皮肤出现各种问题。

加速皮肤衰老

2015年，科学家们对不同睡眠时间人群的皮肤进行了研究，结果发现，每晚睡眠时间为8小时的人会比每晚睡眠时间为5小时的人皮肤看起来更年轻。如果你在通宵的第二天，进行专业的皮肤测试，会发现不仅皮肤的含水量变低，皮肤的弹性也会下降。

 **皮肤敏感**

睡眠不足会加速体内各种炎症标志物的水平升高，从而加重皮肤炎症、泛红的问题，还会使交感神经更加活跃，更容易释放儿茶酚胺，让肌肤的敏感情况雪上加霜。

 **皮肤长痘**

熬夜之后，不仅皮脂的分泌会变得紊乱，各种导致皮肤发炎的因子也会变得异常活跃，因此皮肤突然长痘也就不足为奇了。

 **暴发皮肤疾病**

熬夜不仅会让肌肤状况变差，还会引发一些皮肤疾病，比如特应性皮炎、银屑病、天疱疮、化脓性汗腺炎等。

CHAPTER

第二章

敏感肌的分类及
形成原因

据统计，每2名女性中就会有1名觉得自己是敏感肌，每3名男性中就有1名觉得自己是敏感肌，但真的有这么多敏感肌吗？究竟什么是敏感肌？

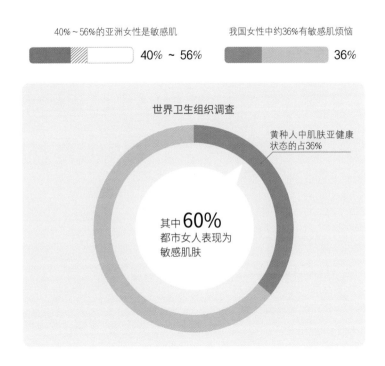

40%~56%的亚洲女性是敏感肌　　40%~56%

我国女性中约36%有敏感肌烦恼　　36%

世界卫生组织调查

黄种人中肌肤亚健康状态的占36%

其中60%都市女人表现为敏感肌肤

敏感肌人群看似与常人无异，但其对外界环境的变化却十分敏感。无论是天气变化还是使用不同护肤品，他们的皮肤都可能会出现瘙痒、刺痛等不适感，有的人还会出现肌肤泛红、脱皮等情况。

如果不确定自己是否是敏感肌，可以通过完成下面这份问卷（出自《专属你的解决方案：完美皮肤保养指南》，Leslie Baumann著），来帮助你判断自己是否属于敏感肌。

所有答案：A得1分，B得2分，C得3分，D得4分，E得2.5分，请记录每道题的分值并加总分。

❶ 你脸上出现过红色的斑片？

　　A．从来没有　　　　　B．很少

　　C．每月至少一次　　　D．每周至少一次

❷ 某些护肤品会使你的脸发红、发痒或刺痛？

　　A．从来没有　　　　　B．很少

　　C．经常　　　　　　　D．总会　　　　　E．我不用护肤品

❸ 你曾经被诊断为痤疮、玫瑰痤疮、面部皮炎、敏感性皮肤？

　　A．没有　　　　　　　B．朋友或熟人告诉我有

　　C．是的　　　　　　　D．是，并且很严重　E．不清楚

❹ 如果佩戴金属首饰，你的皮肤会出现皮疹吗？

　　A．从来没有　　　　　B．很少

　　C．经常　　　　　　　D．一定　　　　　E．不清楚

❺ 防晒霜会使你的皮肤发红、发痒、刺痛、起疹子？

　　A．从来没有　　　　　B．很少

C．经常   D．一定   E．我从不用防晒霜

⑥ 你曾被诊断为特应性皮炎、湿疹、接触性皮炎？

　　A．没有   B．朋友或熟人告诉我有

　　C．是的   D．是，并且很严重   E．不清楚

⑦ 你戴戒指的部位会起疹子吗？

　　A．从来没有   B．很少

　　C．经常   D．一定   E．我不戴戒指

⑧ 使用有香味的沐浴露、香皂，涂上身体乳或护肤精油会让你的皮肤
　　发痒、发干吗？

　　A．从来没有   B．很少

　　C．经常   D．一定

　　E．我从来不用这些产品

⑨ 使用酒店的洗浴产品清洁皮肤后，你的皮肤也不会出现过敏反应？

　　A．是的   B．大多数情况下没什么反应

　　C．我用那些皮肤会发红发痒、过敏起疹

　　D．完全不能用，曾经因为使用这些用品皮肤出现大问题

　　E．我一般用自备的，所以不清楚

⑩ 你的家人是否有人患有特应性皮炎、湿疹、哮喘或其他过敏性疾病?

    A. 没有   B. 有一位

    C. 有几位   D. 很多家人都有   E. 不清楚

⑪ 使用带有香味的洗衣液清洗床单、衣物,你会?

    A. 皮肤没什么反应   B. 皮肤会有点干

    C. 皮肤会发红发痒   D. 皮肤不但发痒还起疹子

    E. 从没用过,不清楚

⑫ 适度运动之后,或在压力下,或受到强烈的情感刺激(愤怒、害羞),你的脸和脖子会经常变红?

    A. 从来没有   B. 有时

    C. 很频繁   D. 一定

⑬ 你喝酒之后会出现脸红吗?

    A. 从来没有   B. 有时

    C. 很频繁   D. 一定,所以我很少喝酒

    E. 没喝过酒,不清楚

⑭ 你摄入辣、烫的食物或饮品之后,皮肤会发红吗?

    A. 从来没有   B. 有时

    C. 很频繁   D. 一定

    E. 没吃过,不清楚

⑮ 你的脸上或鼻子上有（曾有）扩张的血管吗？

A. 没有

B. 很少（全脸不超过3根）

C. 有一些（全脸不超过6根）

D. 很多（全脸超过7根）

⑯ 拍照的时候你的脸看起来是泛红的？

A. 没有，我没注意过　B. 有时

C. 经常　　　　　　　D. 总是

⑰ 身边人会问你是否被太阳晒伤了，即使你没有晒太阳？

A. 从来没有　　　　　B. 有时

C. 经常　　　　　　　D. 总是　　　　　E. 我常被晒伤

⑱ 你使用化妆品、防晒霜或护肤品之后会出现皮肤发红、发痒、水肿的情况？

A. 从来没有　　　　　B. 有时

C. 经常　　　　　　　D. 总是

E. 这些都没用过，不清楚

　　另外，如果你曾被皮肤科医生诊断为痤疮、玫瑰痤疮、接触性皮肤、湿疹，则再加5分；如果你被其他科室的医生诊断为这些疾病，则加2分（两者不要重复）。

最终得分

18~24分：你是非常健康的"城墙"皮	
25~29分：健康皮肤	
30~33分：你是轻度敏感肌	
34~72分：你是重度敏感肌	

    需要强调的是，目前专家们对于敏感肌的临床表现还存在一定争议。很大一部分人只是"自己感觉肌肤敏感，但没有对应的肌肤症状"，这类人通常会描述自己皮肤有不舒适的感觉，比如刺痛、烧灼感、瘙痒等，而不会出现如面部泛红、明显的起皮等肉眼可见的症状。

    准确来讲，肌肤敏感不应该是一种皮肤类型，而是一种皮肤不健康的状态。比如，你可能在某一段时间，由于某些因素（比如乱用护肤品、每天化妆卸妆、长期饮酒等），在此后几个月的时间里，突然发现自己皮肤变得敏感了，而当你纠正这些因素之后，皮肤又会恢复到健康的状态。

敏感肌的分类

事实上，敏感肌可以细分为：干性敏感肌和油性敏感肌。

干性敏感肌

这一类型的敏感肌最为常见，是我们印象中最熟悉的敏感肌，表现为皮肤干燥和敏感同时存在。

对干性敏感肌（干敏肌）而言，位于皮肤最表层的脂质屏障被破坏，皮肤的通透性会增加，原本被脂质膜"锁在"皮肤里的水分从缝隙中流失出去，最终导致皮肤变得干燥、起皮，伴有刺痛、灼烧感。

油性敏感肌

油性敏感肌（油敏肌）其实就是我们常说的"外油内干"，这类皮肤通常看起来比较油，还容易长痘，但自己却感觉皮肤干燥、刺痒，皮肤还容易出现泛红，并且这些情况会随着季节、湿度等的变化而变化。

油性敏感肌是比较矛盾的一种皮肤状态。一方面，这类肌肤的皮脂分泌过度，这些皮脂又是微生物们非常喜欢的环境，因此，皮肤会出油和长痘；另一方面，由于一些原因，比如遗传或后天过度清洁或去除油脂等行为，肌肤的水脂膜出现了破坏——看起来很油，但它不能发挥正常的保护皮肤的作用，并且锁不住皮肤中的水分，最终出现又干又油、敏感长痘的尴尬情况。

第二节

干性敏感肌的形成原因

敏感肌是一个涉及皮肤屏障—神经血管—免疫炎症的复杂过程。在各种因素的作用下，皮肤的保护膜被破坏，血管、神经更容易被外界的刺激激惹，最终出现发红、发痒、刺痛等一系列皮肤炎症反应。

形成敏感肌的原因众多且复杂，少部分人是先天遗传的敏感肌，但其实大部分人是后天形成的敏感肌，快来对照一下，看看你是否有以下这些敏感肌形成的高危行为。

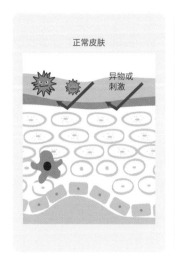
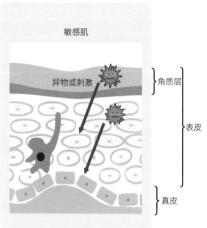

正常皮肤

异物或刺激

敏感肌

异物或刺激

角质层

表皮

真皮

·护肤过度·

这是敏感肌形成最主要、最常见的原因。很多人都认为"贵的护肤品就是好的护肤品""只有给皮肤涂抹足够的护肤品，皮肤才能变好"，这其实并不完全正确！

关于护肤品的使用，有一个非常有意思的现象：法国是全球化妆品最发达的国家，而这个国家女性皮肤敏感的发生率却是最高的。而在亚洲，最重视护肤程度和手法的日本，是亚洲敏感肌发生率最高的国家。所以，使用价格昂贵、多而繁杂的护肤品不一定对皮肤好，合适的护肤品才更有利于肌肤的健康。

部分朋友还会购买一些微商或美容院自产的面膜，它们通常价格昂贵。前几年就有位明星，说自己是因为在家一有时间就敷面膜，皮肤才变得这么好、这么年轻。这可误导了一大批爱美的朋友，他们狂购一大堆面膜，渴望通过频繁敷面膜来让皮肤变好。敷第一盒、第二盒的时候，确实感觉皮肤变好了，但大半个月之后，却发现皮肤逐渐变得敏感，甚至有灼热、瘙痒的感觉，去医院后才发现自己使用的面膜中含有糖皮质激素，被确诊为激素依赖性皮炎。除了面膜之外，一些祛斑霜、网购的小品牌护肤品，也是导致敏感肌形成的重要原因。

总而言之，过于烦琐的护肤程序、功效性护肤品并不适合所有肌肤，尤其是敏感肌的朋友，更不用说还有一些护肤品为了达到更好、更快的疗效，会在护肤品里中加违禁成分。

·医源性因素·

如今医疗美容（医美）变得非常普及，很多人都想通过医美来让皮肤变得更好、更年轻，但对于敏感肌而言，需要谨慎选择，比如剥脱性的CO_2点阵激光、皮秒激光祛斑、刷酸（高浓度）、水光针。这些治疗确实具有非常好的抗衰老、祛除色斑、亮白皮肤等作用，但如果你是敏感肌，又不恰当地接受了这些治疗，反而可能会加剧皮肤敏感状况，甚至出现血管扩张等不良反应。

过度清洁皮肤

清洁是非常必要的护肤步骤，清洁干净面部肌肤之后，还能帮助后续护肤品的吸收。但需要警惕的是，清洁除了会带走皮肤表面的污渍、坏死的细胞，还会带走一部分对皮肤有益的皮脂。

不知道从什么时候开始，清洁步骤变得越来越复杂，仿佛只有通过工序复杂的清洁过程，我们的肌肤才能真正被"清洁干净"，避免黑头、粉刺的发生。殊不知，这反而增加了敏感肌的形成概率。

如果你是敏感肌，要杜绝以下这些洗脸行为

◎ 每天洗脸的频率超过2次。尤其在夏天，一些朋友只要一感到脸上有油，就忍不住频繁洗脸。过度洗脸会打乱我们皮肤原有的水油平衡，干性皮肤会变得更干，油性皮肤会变得更油。

◎ 频繁更换洁面产品。每当我们看到新的洁面产品，或者具有新的香味的洁面乳时，总是忍不住购买，想尝试新产品。但鲜有人知的事实是每款洁面产品的pH值是不一样的，当我们使用新的洁面产品时，肌肤需要经历新的适应过程，而频繁地更换洁面产品，会导致肌肤无法适应，加剧皮肤敏感、干燥的风险。

◎ 频繁使用卸妆油（水、膏）。举一个例子，身边有学习舞蹈的女生，她因为经常需要上台化浓妆，演出完成之后回家又比较晚，所以回家之后总是随便用卸妆油粗暴地洗一洗就睡觉，有时候早上甚至还发现昨天没洗干净的化妆品残留。几年下来，她变成了

敏感肌，脸上还有明显的红血丝。可见长期带妆、过于频繁地使用卸妆产品、卸妆不干净等，都会加重皮肤敏感的情况。另外，如果你的皮肤这段时间正处于比较严重的敏感期，最好暂时停止浓厚的彩妆和频繁使用卸妆产品，它们会给皮肤增加额外的负担。

◎ 习惯使用洗脸神器、洗脸仪、洁面刷、洁面海绵、磨砂膏等来清洁面部。这些产品曾一度流行，被认为使用它们来洁面会比使用手更干净、卫生，还能有效清洁毛孔，改善黑头和毛孔粗大情况。但事实正好相反，我们的手柔软而富有弹性，是最好、最天然的清洁工具，而那些宣传"能让洗脸洗得更干净"的产品，反而会给皮肤造成不必要的机械摩擦。正如长期、反复搔抓皮肤，会让皮肤变得粗糙、增厚，使用这些工具进行长期、反复、轻微的物理摩擦，会给我们珍贵的皮肤屏障带来日积月累的伤害。

（ ·使用不适合自己的护肤品· ）

一些敏感肌朋友为了追求更好的护肤效果，会购买一些含有高浓度功效性成分的护肤品，以求达到更明显的护肤效果。但可能会发现，使用之后还没等肌肤变好，肌肤就出现明显的发红、灼热等刺激反应，并且由于它们的价格通常较为昂贵，即使出现不适，她们可能也会坚持使用，这就进一步加剧了敏感肌的问题。

有一些护肤成分确实对皮肤有益，比如高浓度的维生素C、烟酰胺、果酸等，它们具有很不错的美白效果，A醇则具有淡化细纹的作用。但对于敏感肌而言，频繁使用，或同时每日搭配使用多种功效性成分的护肤品，不仅达不到变美的效果，反而会让皮肤出现泛红、灼热、瘙痒等刺激反应，加剧皮肤敏感的情况。对敏感肌而言，使用护肤品要"量力而行"。

·日晒风吹等自然环境变化·

日晒，强风，过于寒冷、干燥的自然环境变化，都会导致皮肤敏感的加重。

正如我们在第一章所讲，日晒对皮肤的伤害无疑是多方面的，其会导致皮肤屏障损伤、小血管扩张、自由基增加，并加剧皮肤炎症反应等。而强风会带走皮肤表面的水分，比如冬天的冷风、海边的海风等，都会让皮肤变得干燥而敏感。

另外，也有些朋友一到春季、冬季或者季节变化的时候，由于干燥、寒冷，再加上接触花粉、柳絮等易过敏物质，肌肤也更容易敏感。

·情绪心理因素·

都说"敏感皮肤的人也有一颗敏感的心"，许多敏感肌的朋友由于皮肤很容易出现泛红、发炎，因此总是处于比较焦虑、紧张的状态，总是会不自觉地担心"我会不会突然又皮肤敏感了？"这种紧张、焦虑的情绪会使我们的交感神经长期处于兴奋的状态，面部皮肤的神经、血管也时常处于应激的状态，更容易被激惹而加重皮肤敏感，形成了恶性循环。

因此，生活及工作压力、长期焦虑、熬夜、生理期等，都可能加重敏感肌的情况，我们要尽量保持放松的心态，不要过度关注自己的肌肤。

·胡乱使用药膏·

糖皮质激素类药膏，能在短时间内消除皮肤的红、肿、痒、痛等不舒服的感觉，是皮肤科最常用的一类药膏。然而，许多人在药店购买的所谓"植物消炎药"，尽管被标榜为更"天然、安全"，甚至经常被用于涂抹面部皮肤，实际上往往其中添加了糖皮质激素。长期使用这类药膏，会导致皮肤出现"依赖"——停用之后皮肤就会发炎、不适感觉加重。它更是会破坏我们的皮肤健康，让皮肤变得又薄又敏感，容易被有害微生物侵袭、感染，甚至发生激素依赖性皮炎。

第三节

油性敏感肌的形成原因

油性敏感肌很容易看起来"脏兮兮"的，这是因为皮脂容易氧化，让皮肤显得暗沉，再加上皮肤水油失衡，皮脂分泌多，但皮肤锁水能力差，容易出现又油又干的情况，还会面临长痘的烦恼。

油敏肌皮肤常常看起来很油，但自己却感觉很干燥——这其实并不矛盾。油敏肌确实存在油脂分泌过多的问题，但又常常采取过度护肤、祛痘的方法，比如盲目使用酸类、A醇，过度洁面等行为，导致肌肤屏障功能下降，锁不住水分。这样一来，肌肤就会从油性皮肤变成油敏肌，且常常伴随长痘。

油性敏感肌与干性敏感肌的形成原因总体是类似的，但不同的是，油性敏感肌原本肌肤的出油情况明显，属于油性皮肤，而后天各种因素合并导致了肌肤敏感。因此，除了上面的原因，以下这些因素也会加重油敏肌出油、长痘等症状，让油敏肌看起来更糟糕。

·过度饮用牛奶·

牛奶口感良好且具有相当高的营养价值，但对于油敏肌长痘的人群来说，牛奶并不适合他们长期饮用。美国的多项研究认为，痤疮的发病率与牛奶的摄入量成正比，其中与脱脂牛奶的相关性最明显。每天饮用2升脱脂牛奶，患痤疮风险提高了44%。这是因为牛奶中含有雌激素、孕激素等多种激素，有些激素可能与痤疮发生有关；也有学者认为痤疮与牛奶中的胰岛素样生长因子（IGF）刺激胰岛素分泌有关。但是食用奶酪和无糖酸奶对痤疮发生没有影响。

通常来讲，每天牛奶的摄入量不能超过1升。如果你是油敏肌并且长痘的话，就不要每天喝牛奶了，不妨试试不添加额外糖分的酸奶，它们含有大量的活性益生菌，对肠道消化也有好处。

· 无处不在的反式脂肪酸 ·

现代人工作压力巨大，在某个周五的晚上，你可能会跟同事、好友约个饭局，大吃特吃一顿烧烤或者火锅。然而在美食的狂欢之后，第二天早上醒来时，原本敏感的肌肤变得更红，脸也变得又干又出油，还出现了红肿的痘痘——这正是反式脂肪酸惹的祸。

反式脂肪酸是一种公认的有害脂肪酸，现代人常常会摄入超标，外卖、速食都会使用质量较差的油来炒菜，显著特征就是炒菜时会有明显油烟。反式脂肪酸还常被用来制作各种酱，薯片、薯条等油炸产品，比萨、烧烤、火锅底料等。反式脂肪酸会增加患心脑血管疾病、糖尿病，皮肤衰老，过敏等风险，会直接促进皮脂分泌增加和角质过度增生，堵塞毛孔，导致皮肤长痘。

反式脂肪酸几乎无处不在，我们无法避免食用，但应在生活中尽量减少摄入。比如在前一天疯狂美食狂欢之后，不妨试试第二天让自己的饮食以蒸、煮为主要烹饪方式，尽可能多吃一些新鲜果蔬，帮助身体更快地代谢掉头一天摄入的有害脂肪酸。另外，不要觉得自己做菜就能避免反式脂肪酸了，要知道"油被加热之后开始冒烟，就表示反式脂肪酸已经形成了"，平时炒菜的油不妨换成椰子油、亚麻籽油、葵花籽油。

!! 脂肪本身能为人体提供重要的营养和能量，是我们每天都应当摄入的营养成分之一。肉类食品含有更少的反式脂肪酸，我们可以通过食用肉类补充这类营养物质。

· 月经前恶化的油敏肌 ·

对油敏肌的女性来讲，月经前的肌肤状况最差——敏感、出油、爆痘等问题接踵而至，尤其在月经开始前的7～10天。月经前的长痘最常出现在口周、下颌的位置，这究竟是什么原因呢？

众所周知，女性月经会受到性激素水平的影响。在月经来潮之前，我们体内的孕酮水平会升高，而这种激素可以转化为睾酮，导致皮肤出油、长痘；更雪上加霜的是，此时，具有美容养颜作用的雌激素水平还会下降，于是这个时期的皮肤状态就变得很糟糕，伴随着出油增多，以及皮脂堵塞毛孔之后的发炎爆痘。

· 小心"加重肌肤粉刺"的护肤品 ·

一些细心的小伙伴会发现用了某些护肤品之后就开始长痘了。是的，这未必是你的错觉！有一些化护肤确实具有致痘性。

为什么护肤品也会致痘呢？这就要从我们的皮脂说起，它一方面能对我们的皮肤起到保湿、保护的作用；另一方面当皮脂分泌过度的时候，皮肤就直接成为一个天然的"微生物培养皿"，尤其是油敏肌的小伙伴，常常会因为肌肤敏感而错误使用封闭性很强的保湿剂，这些营养保湿剂相当于给微生物们提供了丰盛大餐。因此，长痘就这么发生了。

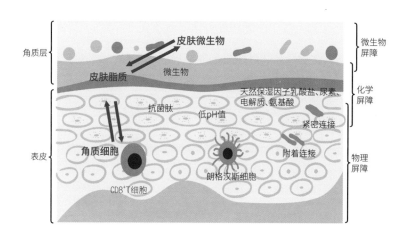

经典的致痘黑名单是从兔子耳朵实验得来的，这一名单包括可可脂、棕榈酸异丙酯、羊毛脂、肉豆蔻醇乳酸酯等。但很显然，这些成分根本不能涵盖市面上所有的致痘成分。正如前面所讲，长痘与皮脂密切相关，所以像神经酰胺、卵磷脂、角鲨烷、维生素E这类干敏肌狂喜的成分，油敏痘肌用完反而容易长痘。

另外，长痘的肌肤中不饱和脂肪酸含量显著上升，一些含植物油脂比较多的护肤品，比如植物卸妆油，油敏肌的小伙伴用完之后也可能会长痘。

· 环境因素 ·

对油敏肌的朋友来讲，生活或工作环境的污染，或者处于过热或过于潮湿的环境中，都会加重肌肤敏感、长痘的症状。

环境突然变化也会影响肌肤状况。当你从温度、湿度比较低的区域，到温度、湿度比较高的地方，皮肤的新陈代谢仍维持着原来的水平，难以适应新环境，这也就是为什么很多朋友在原本居住的地方皮肤状态还不错，换个居住环境之后肌肤就开始敏感、长痘。

第三章

干性敏感肌如何护肤？

可以说，大部分敏感肌都是自己"折腾"出来的，合适的护肤方法对敏感肌来讲至关重要。敏感肌需要注意以下护肤要点。

·避免过度清洁·

对于干敏肌，首先要注意的其实并不是护肤品，而是避免过度的清洁，清洁会带走一部分对皮肤有益的油脂，这些油脂是本就脆弱的敏感肌的"救命稻草"。

如果你没有化妆的话，可以尝试只使用常温的清水，以及柔软的手部皮肤来清洁面部。注意，敏感肌不能使用过热的水来清洁，20～30℃的常温水即可，即使在寒冷的冬天，也不要用过热的水洗脸，因为热水会加剧血管扩张，加速皮肤水分的流失，加重敏感肌的症状。

如果使用了防晒霜或轻薄的隔离产品，需要进行清洁时，可以查看一下洁面产品的成分表，尤其注意洁面乳中的表面活性剂对肌肤的刺激性。

阴离子表面活性剂

成分名	皮肤刺激性（浓度）	说明
硬脂酸钠	无刺激（100%）	属于皂基，能与皮脂中和并分解，因此刺激性小，但呈碱性，会改变肌肤酸性环境，对肌肤屏障造成伤害
月桂酸钠	中度	
油酸钠	无数据	
月桂醇硫酸酯钠	重度（10%）	残留性和刺激性都很强，如今使用较少
月桂醇硫酸酯铵	重度（10%）	

成分名	皮肤刺激性（浓度）	说明
月桂醇聚醚硫酸酯钠（SLES）	极微（7.5%）	属于月桂醇硫酸酯钠改良后的清洁成分，刺激性较小，为主流的清洁成分
月桂醇聚醚硫酸酯铵	极微（7.5%）	
月桂基苯磺酸钠	中度	刺激性较强
月桂酰肌氨酸钠	极微（30%）	最早的氨基酸系表面活性剂，比其他氨基酸刺激性稍强

🗂 非离子型表面活性剂

成分名	皮肤刺激性（浓度）	说明
月桂酸二甘油酯	无刺激（100%）	非离子表面活性剂的刺激性也很轻，但由于起泡能力弱，通常被作为乳化剂使用，很少用于主流的清洁产品中
甘油硬脂酸酯（SE）	无刺激（100%）	
椰油酸二乙醇酰胺	无刺激（100%）	
聚氧乙烯硬化蓖麻油	轻度（100%）	
山梨坦异硬脂酸酯	极微（50%）	
山梨坦月桂酸酯	极微（100%）	
聚乙二醇	无刺激（100%）	
月桂醇聚醚	轻度（100%）	
聚氧乙烯月桂基醚	无数据	
聚山梨醇酯	极微（100%）	

🍙 两性表面活性剂

成分名	皮肤刺激性（浓度）	说明
月桂基胺氧化物	极微（5%）	这类清洁剂整体刺激性都比较温和，常用作敏感肌人群及婴儿的清洁产品
椰油酰胺丙基甜菜碱	中度（15%）	
椰油酰两性基二乙酸二钠	无刺激（10%）	
椰油酰两性基二丙酸二钠	无刺激（25%）	
椰油酰两性基乙酸钠	轻度（16%）	
椰油酰两性基丙酸钠	轻度（5%）	

如果你仍然感到难以选择，一些标注"敏感肌适合使用"的产品会更适合敏感肌。这类洁面产品的泡沫通常不会特别丰富，洗完后皮肤也不会出现紧绷、干燥的感觉。

另外，洗脸的时间要尽量短，没必要让洁面产品长时间停留在皮肤上，或反复用清水冲洗。洁面之后，在面部仍然残留有水分的时候，要及时地涂抹上保湿乳、霜等。

·合理的肌肤保湿·

包含生理性脂质、封闭性保湿剂，促进皮肤脂质合成的，抗氧化、抗炎成分的护肤产品，对敏感肌会更友好。

具有抗炎作用的成分

维生素B₅、红没药醇、甘草酸二钾、芦荟提取物、马齿苋提取物、燕麦β-葡聚糖、葡萄糖酸锌、4-叔丁基环己醇等。

具有强保湿效果的脂质成分

凡士林、甘油、羊毛脂、丙二醇、卵磷脂等，尤其适合皮肤干燥的敏感肌，但不适合油性敏感肌。

类似皮肤天然脂质成分的保湿成分

甘油三酯、神经酰胺、角鲨烷、可溶性胶原、乙酰化透明质酸钠、亚油酸、亚麻酸、氨基酸、尿素、维生素E衍生物等。

由于敏感肌比正常皮肤更容易对护肤品出现刺激反应，在使用新的护肤品之前，不妨先将护肤品涂抹在耳后或手腕内侧的位置，进行尝试性的使用，第二天观察是否出现刺激或过敏的反应，如果没有就可以放心地使用。

敏感肌分为干性敏感肌和油性敏感肌，而市面上大部分敏感肌适用的护肤品，其实是为干性敏感肌设计使用的，它们当中含有更多的脂质成分（大多以修复霜剂的形式存在），并不适合油性敏感肌。因为油性敏感肌本身就伴随着皮脂过度分泌的问题，使用这类修复霜反而会堵塞毛孔，加重长痘的状况。因此，油性敏感肌可以选择一些既可以修复，又质地清爽的精华、乳液。

油性敏感肌还容易伴有长痘问题，那有没有护肤品适合这类朋友使用呢？当然有，如水杨酸、低浓度的复合酸精华，它们虽然对干性敏感肌或许有一些刺激，但对油性又长痘的敏感肌是可以尝试使用的。你可以在容易长痘的位置，少量地点涂，使用频率为2~3天1次或每周1次，视自己的皮肤敏感情况而定。

(·避免刺激皮肤的护肤行为·)

在进行肌肤保养时，尽量减少蒸脸、按摩、去角质等行为，敏感发作期间应谨慎泡温泉，或到特别热、干燥、寒冷等极端气候的区域旅行。不要使用去角质的护肤品，也不要在美容院进行去角质、清洁毛孔的项目，这都会加重你的敏感症状。

另外，要避免频繁地化浓妆，尤其在敏感发作期间，尽量不化妆。卸妆可以选择温和的以植物成分为主的卸妆油，并保证卸妆彻底干净，卸妆完成后，不妨外敷一片具有修复、镇静作用的面膜，并及时涂抹合适的护肤品。

除了以上的刺激性因素之外，其实还有一些常用的护肤成分，它们也可能对敏感肌产生刺激反应。如果你本身就容易对护肤品出现反应，那么更需要注意一下这些护肤成分，比如：酒精、阿伏苯宗、壬二酸、苯甲酸、辣椒素、桉油、香料、乙醇酸、薄荷醇、水杨酸、山梨酸、维生素C。

·如何选择面膜·

一些敏感肌朋友担心敷面膜会导致过度护肤，甚至加重肌肤敏感，因此不敢敷面膜。确实，给肌肤过度补水，对肌肤的健康是有害的，会造成"水合皮炎"。研究显示，短时间（30分钟）的封包（比如敷面膜）就会导致肌肤出现水合过度，具体表现为肌肤细胞吸水、肿胀，肌肤表面的通道被异常打开，一些有害的物质趁机进入皮肤；还会导致微生物滋生，皮肤感染、发炎，敏感肌也随之加重。如果敷面膜的时候，再加上一层保鲜膜或蒸脸，那就更"雪上加霜"了。

一定要警惕那些你从未听过的品牌，且没有正规备案的护肤品。失去了监督，它们有更大的概率会往护肤品中添加有害成分。

备忘录

敏感肌在选择面膜的时候，注意这些要点

☑ 选择成分简单的，单纯以补水、修复为功效的面膜更佳。

☑ 选择以透明质酸、胶原蛋白为主要成分的面膜，如果你处于严重过敏期，不妨选择标注有"械字号"的医用冷敷贴，它们成分更简单，消毒环境更严格，对敏感肌的自我修复具有更好的帮助。

☑ 敷面膜不宜过勤，每周2次左右；时间不宜过长，20分钟左右即可。

如何查询护肤品的备案

搜索"国家药品监督管理局"→选择"化妆品"→根据实际情况选择"国产普通化妆品备案信息"或"进口普通化妆品（含牙膏）备案信息"，然后在这里输入你想查询的化妆品名称，就可以查询相应的产品是否有备案。

国产普通化妆品备案信息

提示：
1. 本页面可查询"国产非特殊用途化妆品备案信息"数据库中的产品信息
2. 分页查询请重新输入验证码
3. 本查询页面支持Firefox、Google Chrome、IE11.0及以上浏览器

信息查询

产品名称：	请输入完整产品名称	备案编号：	请输入完整备案编号
备案人企业名称：	请输入完整备案人企业名称	验证码：	请输入验证码　　XnHq

查询　　　**重置**

产品名称	备案编号	备案人企业名称	备案日期	操作
请输入条件进行查询！				

·如何安全防晒·

对敏感肌而言，肌肤本身对紫外线的防护能力更弱，更容易被紫外线伤害，做好防晒工作，对敏感肌的修复有很大的帮助。

但棘手的是，直接接触防晒剂也可能会对敏感肌造成一定的刺激，在使用防晒霜时，肌肤可能会感到刺痛、不适……这其实跟你没有选对防晒产品有关，防晒产品中的防晒剂可分为两种。

紫外线吸收剂

功　效：吸收紫外线来抵御UVA、UVB的伤害

优　点：不泛白、无粉屑感、不干燥、易于添加

缺　点：敏感肌使用后可能有刺激感

　　　　部分吸收剂有油腻感

　　　　光照后会逐渐失效

成分名：甲氧基肉桂酸乙基己酯、丁基甲氧基二苯甲酰基甲烷、二乙氨基羟苯甲酰基苯甲酸己酯、甲酚曲唑三硅氧烷、奥克立林、二苯酮-3、二苯酮-5、水杨酸乙基己酯、亚甲基双-苯并三唑基四甲基丁基酚、聚硅氧烷-15、对苯二亚甲基二樟脑磺酸、苯基苯并咪唑磺酸……

紫外线屏蔽剂

功　效：从物理上将紫外线反射出去来保护肌肤

优　点：性质温和，对敏感肌友好、无油腻感、光照后效果更持久

缺　点：容易泛白、干燥

成分名：二氧化钛、氧化锌

　　对敏感肌而言，选择防晒产品时，使用以紫外线屏蔽剂（物理防晒剂）为主的防晒霜会更安全。另外，配合遮阳伞、帽子、防晒面罩等能达到既安全又高效的防晒效果。

CHAPTER

第四章

油性敏感肌如何护肤？

·注意皮肤清洁·

一些油敏肌的朋友由于畏惧肌肤过敏，只用清水来清洁面部皮肤，但这并不能去除肌肤表面的油脂，反而会导致毛孔堵塞、长痘。油敏肌可以灵活地根据皮肤出油及出汗的程度、当天接触的环境质量、出行方式、是否烹饪、是否化妆等因素，选择合适的清洁方式和清洁产品。

通常对我们日常出行而言，如果你只涂抹了防晒产品，未使用粉底、隔离等彩妆，只需要使用温和的洁面产品，就可以清洁干净皮肤表面的油脂，避免毛孔堵塞，减少长痘。洁面产品可以选择月桂醇聚醚（后面的数字一般为3、4、5、6）等氨基酸系的清洁成分（详见第三章），它们的清洁力不错，性质又很温和。如果你无法通过成分表判断，可以选择标注有"敏感肌适用"的洁面产品。

如果你白天确实需要持妆，尽量选择轻薄、低刺激性的彩妆和不带有明显香味，且标注"不致粉刺"的粉底产品。具体可以根据自己的带妆情况选择合适的清洁产品。

另外，我们可以尽量使用手部皮肤来完成清洁，手部皮肤相较于卸妆工具更柔软、温和，不容易对肌肤产生额外的刺激。

产品类型	特点	清洁原理	清洁力	温和程度	适用范围
表活型洁面（非皂基）	清洁力较强，有泡沫	表面活性剂的清洁作用（乳化，增溶）	较强，取决于配方	需要根据具体成分来看，比如氨基酸系的清洁剂普遍要比SLES和皂基为主要成分的清洁剂温和	日常清洁与淡妆
表活型洁面（皂基）	泡沫丰富，冲洗感好，符合亚洲人的喜好	表面活性剂的清洁作用	较强，针对某些成膜性较强的防晒霜有好的效果	一般不够温和	油性肌肤夏季使用，敏感肌、干性肌慎用
乳化型洁面	清洁力一般，无泡沫或很少泡沫，但对卸彩妆有优势	以油溶油为主，也有少量表面活性剂的清洁作用	弱至一般	一般比表活型洁面温和	日常清洁，淡妆，敏感肌也可考虑使用
卸妆水	水剂产品，肤感清爽	表面活性剂、多元醇的清洁作用	一般至较强	视具体配方而定，可以温和，甚至可以免洗	各类皮肤
卸妆乳/卸妆膏	较为温和，有点类似乳化型洁面	以油溶油为主，外加表面活性剂的清洁作用	一般至较强，但也视具体的彩妆类型而定	较温和	日常清洁，淡妆，敏感肌也可考虑使用
卸妆油	以油脂为主	以油溶油为主，一般还会有易乳化的表面活性剂，可能会含有多元醇	强	视具体配方而定，普遍还算温和，但对肌肤可能有影响，比如易长痘	浓妆

· 更适合油敏肌的护肤成分 ·

减少肌肤出油的成分

维生素B$_6$衍生物（盐酸吡哆醇、盐酸吡哆素）、水杨酸、乳酸。

舒缓抗炎的成分

甘草酸二钾、硬脂醇甘草亭酸酯、尿囊素、水杨酸、积雪草、金缕梅提取液。

抗氧化的成分

富勒烯、维生素E衍生物、虾青素、辅酶Q10、维生素C衍生物（抗坏血酸磷酸酯镁、抗坏血酸磷酸酯钠）。

调节皮肤微生态的成分

乳酸杆菌、α-葡聚糖寡糖等。

在以上这些成分中，应注意维生素C、水杨酸对油敏肌可能具有一定的刺激性，建议在局部长痘的肌肤小范围使用。

·不频繁用手摸脸·

我们的手每天都会接触大量的物品，这使得手部有异常丰富的微生物，如果你再用手接触面部，无疑会加重面部的细菌感染状况。因此，在使用护肤品之前，我们一定要清洗干净手部皮肤，平时尽量避免用手摸脸。

·保证充足的睡眠·

在深度睡眠期间，身体会产生抗炎细胞因子，它们能帮助减少皮肤的炎症。而如果睡眠不足，则会导致"压力荷尔蒙"——皮质醇的释放，加重皮肤发炎、长痘的情况。

·长痘后不要挤压痘痘·

对于那些没有化脓的痘痘，挤压之后反而会加重感染，导致留下红色、黑色的顽固痘印，甚至可能形成瘢痕。你可以尝试在局部红肿的位置涂抹维A酸乳膏、莫匹罗星软膏、夫西地酸乳膏，它们会帮助消退局部的炎症。对于已经形成的痘痘，如果只是局部有一些小脓头，你可以在使用碘伏消毒之后，用酒精消毒过的粉刺针挑破后放出脓液，然后再涂抹消炎药膏。

如果局部的脓液很多，看起来像一个非常大的囊肿，则需要前往医院进行药物冲洗治疗，这种巨大、红肿的囊肿型痘痘很难自行消退，而且非常容易留下瘢痕疙瘩。

·出现痘印怎么办·

如果说长痘让人烦恼，那长痘之后留下的痘印简直是烦恼之王。它们在皮肤残留的时间非常持久，对皮肤外观的影响也很大。如果你有烦人的痘印，不妨试试在痘印的位置（包括红色和黑褐色痘印）使用含有水杨酸、烟酰胺、维生素C成分的产品。

·注意防晒·

日光一方面会加重皮肤的炎症和敏感；另一方面，还会导致长痘后留下顽固的色素沉着，甚至好几年都无法完全消退。有一些小伙伴还单纯地以为"晒太阳可以杀菌，四舍五入，约等于晒太阳可以杀掉痤疮丙酸杆菌"。其实"日晒 = 表皮增殖、变厚+皮脂腺导管角化、皮脂堆积堵塞毛孔"。另外，日晒还会让皮肤中的游离脂肪酸直线升高，皮肤中的角鲨烯氧化，变成皮脂栓进一步堵塞毛孔。所以，长痘之后并不适合多晒—晒太阳来给痘痘"消毒"。

看到这里，又有小伙伴犯难了：可是我涂防晒霜太油了，涂了反而会长更多痘痘。其实除了涂防晒霜之外，还可以使用物理遮盖的方式防晒，防晒伞、防晒面罩、遮阳帽统统都可以利用起来。另外，涂了防晒霜之后长痘，也可能是没有选对防晒霜！你可以选择不那么油和闷痘的防晒产品。这类产品会很明确地标识自己"不致粉刺""不致痤疮"！购买时大家细心留意一些就可以买到合适的产品啦！

第五章

敏感肌的饮食和
生活护理

如何 "吃" 出好肌肤

想要皮肤变好，只依赖外涂护肤品是远远不够的。虽然护肤品的营养元素能直接渗透到皮肤，给肌肤提供外在的滋养，但这种外在的护理其实 "治标不治本"。实际上，我们摄入的饮食营养会对皮肤新陈代谢有着更加深远的影响，肠道和皮肤是一对天然的好朋友，饮食缺乏营养、营养过剩、食物过敏或不耐受、消化不良、食物营养失调，都会一一反映到我们的皮肤上。

下面我会告诉你，敏感肌如何通过合理的饮食，让皮肤变得更美观、健康。

·控制糖分的摄入·

摄入甜食、饮料确实能让人感到愉悦而放松，但你必须知道的事实是："糖是皮肤的破坏者。"最典型的例子就是糖尿病患者，由于体内的糖水平过高，他们的肌肤常常容易出现各种瘙痒、伤口愈合不良等问题。简而言之，当我们摄入糖之后，它们会在体内转化为葡萄糖；而当血液中存在多余的糖时，它们便会去破坏蛋白质分子（胶原蛋白、弹性蛋白），形成糖复合物，原本弹力满满的胶原组织会变硬；葡萄糖还会使胰岛素水平升高，加重肌肤的敏感情况，甚至导致肌肤长痘、衰老；另外，糖化的组织也会呈现出"黄色"的外观，使肤色发黄、暗沉。

事实上，糖、蛋白质、脂肪是我们身体不可或缺的三大营养素，几乎所有的食物都含糖，但让我们皮肤变差的糖，其实是简单碳水化合物中的糖。具体来讲，食物可以根据其血糖指数（GI）分为高GI、中GI和低GI，高GI食物分解成葡萄糖的速度更快，对皮肤伤害更大；而中GI、低GI食物能让我们保持更长时间的饱腹感，让皮肤更健康。

如何调整我们的饮食结构来减少糖的摄入？

✓ 多吃GI为中等或偏低的食物

1. 富含纤维的全谷物（如番薯等粗、杂粮）

2. 浆果等大部分水果

3. 黑巧克力

4. 非淀粉类蔬菜（如辣椒、胡萝卜、黄瓜、番茄）

5. 豆类（如扁豆、鹰嘴豆）、粥

✓ 限制摄入高GI的食物

1. 白色面包　　　2. 烤土豆

3. 西瓜　　　　　4. 枣

5. 饼干、蛋糕、奶茶

6. 糖果　　　　　7. 除黑巧克力之外的其他巧克力

· 每天喝足够的水 ·

人体60%都由水构成，水是人体最不可或缺的一部分，很多敏感肌都会伴有肌肤干燥的情况，每天保证摄入充足的水分，饮水量保持在1~2升，能帮助敏感肌从源头上缓解肌肤干燥的问题。

· 保证蛋白质的摄入 ·

蛋白质是皮肤的主要组成部分，当我们摄入蛋白质之后，它们会在消化系统里被分解消化为氨基酸（组成蛋白质的基本材料之一），然后被运输到皮肤，成为敏感肌自我修复的美味蛋白质点心，并能让皮肤细胞维持健康和年轻。

鸡蛋、牛奶、肉类、豆制品都含有丰富的蛋白质。但应当注意的是，乳制品会加重痤疮，所以如果你是长痘的油性敏感肌，最好避免过度饮用乳制品。

· 不可或缺的脂肪 ·

说到脂肪，大家第一反应可能是厌恶的，每个人都想拥有苗条匀称的身材。但事实上，脂肪是我们身体不可或缺的第二大能量来源。脂肪的摄入，还能让脂溶性维生素E、维生素D、维生素K、维生素A等顺利被吸收——这些脂溶性维生素只有与脂肪搭配，才能进入血液被人体利用。当人体缺乏脂肪酸时，敏感肌瘙痒、发炎、干燥等情况都会加重。因此，对敏感肌来讲，优质脂肪的摄入十分必要，它们被消化系统分解后，最终会到达肌肤表面，与蛋白质一起形成保护我们皮肤的珍贵脂质屏障。

控制ω-6脂肪酸的摄入

ω-6脂肪酸是一种很常见的脂肪酸，因此容易导致我们一不小心摄入过量。而摄入过量的ω-6脂肪酸对我们的皮肤是有害的，会加重皮肤的炎症。因此，我们要控制ω-6脂肪酸的摄入。

- ◎ 植物来源：炒菜用的植物油，比如玉米胚芽油、花生油、葵花籽油。
- ◎ 动物来源：肥肉、香肠、黄油。

有益的ω-3脂肪酸

同样是脂肪酸，ω-3脂肪酸对皮肤则是有益的，它能减少皮肤炎症的产生。ω-3脂肪酸存在于以下食物中。

- ◎ 植物来源：亚麻籽油、菜籽油、奇亚籽、火麻籽、核桃油。
- ◎ 动物来源：高脂肪海鱼，如鲱鱼、鲭鱼、鲑鱼、金枪鱼、沙丁鱼。

有害的反式脂肪酸

反式脂肪酸是一种劣性、有害的脂肪酸，它会增加人们罹患心脑血管疾病、癌症、糖尿病的风险，还会加速皮肤的衰老、过敏，促进皮脂分泌、角质化，导致粉刺、长痘等皮肤问题。

除了有益于皮肤健康，合理地摄入脂肪其实对减肥也有帮助，适当摄入一些油菜籽、椰子、坚果、牛油果、高脂肪鱼类等食物中非经提纯的非工业脂肪，能让我们维持更长时间的饱腹感。

坚果对身体、皮肤都大有助益，可以坚持每日摄入少量的坚果，它们含有不饱和脂肪酸、矿物质、植物纤维、维生素、植物生化素等多种对身体有益的成分，能减少我们罹患心血管疾病、癌症的风险，让皮肤看起来更年轻。

·皮肤变差的帮凶——加工食品·

加工食品常常含有大量的盐、糖及有害的脂肪酸，它们对肌肤毫无营养，在我们日常生活中十分常见，又具有不错的食用口感。还有一部分加工食物以蛋、肉、水果等为制作原料，这让它们看起来似乎比较健康，因此我们常常容易忽略它们的危害。

常见的加工食品包括超市内随处可见的各类零食，如奶油、各类果蔬或肉类罐头、饼干、薯片、饮料、盐焗或加糖的坚果、腌制的肉蛋类、蜜饯、果脯、肉脯、蔬菜干、水果干、面包、雪糕等，它们是导致皮肤变差的帮凶。

·保持维生素的摄入·

由于我们的身体无法自行合成维生素，因此通过日常膳食来补充维生素十分必要，不同的维生素具有不同的美肤作用。下面将一一介绍它们，部分对敏感肌有额外益处的维生素会特别注明。

维生素A

容易干燥、起皮的敏感肌应注意补充维生素A，它可以使皮肤保持弹力，防止皮肤出现毛孔粗大、松弛、色素沉着、痤疮等问题。

> **你可以通过以下食物来补充维生素A和β-胡萝卜素（可以转化成维生素A）**
>
> 1. 动物肝脏、鳗鱼（维生素A）
> 2. 番薯、南瓜、胡萝卜、羽衣甘蓝、杏（β-胡萝卜素）
>
> 每日推荐摄入量：男性为0.7毫克，女性为0.6毫克。

维生素E

维生素E对敏感肌具有宝贵的消炎、补水、促进肌肤修复的作用。维生素E又叫作生育酚，动物缺乏时可能会影响其生育功能，由此而得名。另外，维生素E还是一种强抗氧化剂和免疫增强剂，对皮肤和身体都具有相当多的好处。

你可以通过以下食物来补充维生素E

1. 小麦胚芽和葵花籽油
2. 杏仁、榛子、葵花籽
3. 羽衣甘蓝、鳄梨、番茄、番薯

 维生素D

很多人都喜欢"晒太阳补钙"，这确实是有一定道理。人体在阳光照射下可以产生一定的维生素D，但这种补钙方式也有很明显的缺点。一方面，日光照射并不能让我们的身体生成足够的钙，而且随着年龄的增长，皮肤通过照射日光产生的维生素D也会越来越少，仅靠人体自身合成，已不能产生足够使用的维生素D；另一方面，长期日晒还会给皮肤带来不可逆的伤害。实际上，每天不超过20分钟的日晒就足够了，更长时间的日晒并不能使身体生成更多的维生素D。

对敏感肌而言，长时间暴露在日光下反而会加重肌肤的敏感程度，导致皮肤出现光老化、色斑，甚至增加罹患皮肤癌的风险。因此，口服维生素D补钙是一个更好的选择（可以去医院抽血检测一下自己血液中的维生素D含量）。维生素D不仅可以预防骨质疏松，还能给皮肤带来诸多好处。其不仅能增强皮肤弹性，减少粉刺，还能刺激胶原的产生，从而减少肌肤细纹和黑斑，提升皮肤的水润度和光泽度。这种方式既安全又有效，更适合敏感肌人群。

你可以通过以下食物补充维生素D

1. 金枪鱼、三文鱼

2. 蛋、豆浆、橙汁

 维生素C

鲜有人知的是，维生素C其实是一个极好的"抗炎"维生素，补充维生素C对敏感肌炎症的控制具有相当的好处。维生素C还能帮助减少皮肤水分的丢失，增强毛细血管壁，皮肤科医生还常常使用维生素C来辅助治疗一些皮肤过敏、紫癜等。

维生素C对皮肤具有广泛的美容效果，但很遗憾的是人体不能自己制造维生素C，只能通过食物来摄入。大部分食物都含丰富的维生素C，比如水果、蔬菜。

这些食物含更丰富的维生素C

1. 红椒、青椒、西红柿、深色绿叶蔬菜、羽衣甘蓝、花椰菜、欧芹、百里香等

2. 芒果、草莓、猕猴桃、菠萝、柑橘类水果等

 B族维生素

B族维生素的作用相对不那么为人熟知。事实上，B族维生素能帮助消除敏感肌的皮肤炎症，它是一个很好的"压力缓解剂"，当压

力过大的时候，就会消耗人体内的维生素B储备。皮肤科医生也常常使用B族维生素治疗一些炎症性的皮肤疾病，比如带状疱疹、特应性皮炎。

B族维生素中对皮肤影响较大的包括：维生素B_1（硫胺素）、维生素B_2（核黄素）、维生素B_3（烟酸）、维生素B_5（泛酸）、维生素B_6、维生素B_7（生物素）、维生素B_9（叶酸）等，它们具有不同的作用。

维生素B_1

有利于皮肤胶原蛋白的合成。

来源：全谷物、牛肉、猪肉、鸡蛋、豆类等。

维生素B_2

组织修复关键的元素，有利于敏感肌的自我修复。

来源：牛奶和乳制品、蘑菇、煮熟的菠菜、玉米片、肝脏、鸡蛋等。

维生素B_3（烟酰胺）

有利于皮肤的美白、湿润，并能修复皮肤屏障。

来源：蘑菇、土豆、谷物、粥、干酪、肝脏、鸡肉、牛肉、羊肉、猪肉、南瓜和花生等食物。

维生素B~5~

维生素B₅

抗炎，能减少肌肤敏感及痘痘的发生。

来源：牛肝、香菇、葵花籽、鸡肉等。

维生素B₆

有利于调节激素水平。

来源：肝脏、鹰嘴豆、三文鱼等。

维生素B₇

角蛋白的组成成分之一，角蛋白是皮肤的关键组成成分，能改善敏感肌脆弱、易受损的状态，还能使皮肤富有弹性。

来源：肉、蛋黄、三文鱼、牛肝、番薯、葵花籽、大豆、麦麸、鳄梨、菠菜等。

（·其他对皮肤有益的营养元素·）

β-葡聚糖

β-葡聚糖是一种多糖，也是一种常用于敏感肌的热门护肤成分，它能帮助维持细胞的结构，也能帮助皮肤免疫系统处理有害的入侵物，并减少皮肤细胞产生不必要的刺激和炎症，起到舒缓、镇静皮肤炎症和敏感的效果。

抗氧化剂

抗氧化剂是一个超级大家族，之前列举的一些维生素也属于抗氧化剂，它们能帮助肌肤抗氧化，减少自由基的产生，缓解敏感肌的发炎症状，还能保护皮肤的胶原蛋白和其他细胞，起到抗衰老的作用。如维生素C、维生素E、维生素D、β-胡萝卜素、β-葡聚糖都属于抗氧化剂，其他如谷胱甘肽、尿酸、胆红素、褪黑素、辅酶Q10也属于常见的自体抗氧化剂。它们存在于彩色蔬菜、水果、坚果、谷物、全麦等食物当中。

锌

锌是一种微量元素，每天仅需要摄入15毫克左右即可，它是让皮肤、黏膜、毛发、指甲保持健康、光泽的重要元素，敏感肌的朋友可以适当补充锌元素。缺乏锌元素可能会导致脱发、脆甲症、湿疹、嘴角开裂、口腔溃疡、真菌感染等。

锌能使体内的100多种酶发挥良好的功能；它还能帮助维持细胞膜的稳定，新细胞的产生也需要锌的参加；锌还能保护皮肤脂肪，防止自由基形成，减少炎症，促进皮肤修复；它还是一种免疫增强剂，能减少皮脂的产生。

这些食物含锌

◎ 牡蛎等贝类、瘦肉、豆类、奶、禽蛋、动物内脏。

◎ 坚果、全谷物等。

 硒

硒是一种具有高度抗氧化作用的微量元素，为皮肤、毛发、指甲、甲状腺提供细胞保护作用。

这些食物含丰富的硒

◎ 百香果、椰子、西蓝花、卷心菜。

◎ 洋葱、大蒜、菌类、莴笋。

铜

　　铜是多种酶合成的重要成员，它能让结缔组织保持弹性、紧绷，还能促进皮肤黑色素的合成，减少自由基。

这些食物含铜

◉ 谷物与荚豆（赤小豆、白扁豆）。

 铁

　　铁是体内氧气运输和血色素生成的重要原料，缺铁会导致人体面色苍白、身体疲倦、抵抗力差、脱发、脆甲症、皮肤松弛下垂、嘴角开裂等。在经期时，女性由于大量出血，也可能会出现缺铁的症状，另外，饮用过量的红茶和咖啡也会阻碍身体对铁的吸收，导致身体缺铁。

这些食物富含铁

◉ 肝脏、肉类、禽蛋、黄米、芝麻、荚果、亚麻籽等，其中，动物来源的铁元素更容易被人体所吸收。

 植物营养素

　　植物营养素是存在于植物中的有益化合物，它们存在于天然的食物中，让各类果蔬具有鲜艳的颜色外观。它们对维持肌肤健康具有不可替代的重要作用，敏感肌的朋友可以通过摄入不同颜色的果蔬（或果蔬制品）来补充不同的有益植物营养素。

- ◎ β-胡萝卜素：黄色、橙色、红色蔬果。
- ◎ 类黄酮：茶叶、红酒、柑橘类水果、浆果、洋葱、山楂、黑巧克力。
- ◎ 白藜芦醇：花生、开心果。
- ◎ 番茄红素、叶黄素：番茄、深色绿叶蔬菜。
- ◎ 花青素：蓝紫色葡萄、红酒、紫甘蓝、茄子、樱桃、蓝莓。
- ◎ 叶绿酸：菠菜、生菜、西蓝花等绿色蔬菜。
- ◎ DIM（二吲哚甲烷）：十字花科蔬菜，如芥菜、卷心菜、西蓝花、紫甘蓝、西洋菜等。

·敏感肌少吃这些食物·

当然，也不是说完全不吃下面这些食物，如果你的皮肤敏感尚处于比较稳定的时期，适当摄入不会有太大的问题。但如果你的皮肤正处于特别敏感的时期，对这些食物就要比较谨慎了，它们会加重皮肤炎症、血管反应，导致你本身就敏感的皮肤雪上加霜。

咖啡

饮用热咖啡之后，敏感肌的朋友会明显感觉症状加重。大量摄入咖啡会导致皮肤脱水、干燥、起干纹。咖啡因还会使血管变窄，阻碍营养物质和氧气被输送到皮肤，导致皮肤变得苍白，所以最好减少咖啡的摄入，每天的饮用量不要超过1杯。

酒精

相信很多朋友都深有感触：在某个晚上的宿醉派对之后，你会发现自己的脸怎么变得脆弱、敏感、发红了？涂抹护肤品的时候，还会出现刺痒的感觉。酒精会直接导致血管的扩张，使皮肤发热、发烫，还会增加促炎细胞因子等的释放。

如果你不想自己皮肤敏感的症状进一步加重、恶化，最好避免经常酗酒。

辛辣食物

当吃到特别辣的食物之后，你会发现自己的脸部立刻变得满脸通红，并伴随发烫的感觉，这对敏感肌简直是雪上加霜。这是因为辣椒素会激活TRPV1，加重血管扩张和诱导炎症。

除了辣椒中含有辣椒素外，芥末、辣根、肉桂、丁香、孜然、胡芦巴、生姜之中都含有辣椒素，敏感肌也需要减少摄入这些食物哦。

热烫食物

热刺激会直接导致肌肤出现血管扩张、潮红及刺痛感，还会加重水肿，那对于敏感肌来讲，多少摄氏度算"热"呢？通常来讲，22℃以下的温度不会导致面部潮红，而60℃以上的食物和饮料就会加重皮肤的潮红了。

除了一些热咖啡、热豆浆，我们还应当警惕火锅、烧烤，这些食物不仅温度比较高，就餐的环境也同样处于高温之中。

含组胺的食物

部分朋友可能对"组胺"这个名词比较陌生，我们换一种说法就很好理解了：组胺=过敏。这种物质会直接加重如红斑、瘙痒等过敏的皮肤症状。

如果你正处于严重过敏期，应警惕这些富含组胺的食物：水果（鳄梨、香蕉、木瓜和菠萝）、干果（杏、枣、葡萄干和无花果）、蔬菜（西红柿、菠菜和茄子）、坚果（腰果、核桃和花生）、巧克力、牛奶、发酵食品（酸菜）和熏鱼。

含肉桂醛的食物

正如它的名字，肉桂醛主要存在于肉桂中，西红柿、柑橘、巧克力也含有肉桂醛，其可能加重皮肤潮红和血管扩张的情况。这些食物很容易被我们忽略，如果你是严重敏感肌应当特别注意。

(· 必须知道的DASH饮食法 ·)

DASH饮食法又可以翻译为"得舒饮食法"（Dietary Approaches to Stop Hypertension），即能够控制高血压的饮食方法，这个饮食法的初衷是帮助预防和控制高血压。后来人们发现，DASH 饮食法是大部分人都可以做到的一种健康又容易坚持的饮食方法。这个饮食法能帮助你调整饮食结构，帮助生病的人恢复健康，敏感肌的朋友可以参考这种饮食方法，帮助肌肤挖掘出更强大的自我修复能力。

DASH饮食法实施起来也非常简单，你只需要在日常饮食中注意这几个要点就可以做到。

◎ 尽量多吃果蔬，适量吃一些全谷物、家禽、鱼、坚果和豆类。

◎ 坚持低钠（少吃太咸的食物）、低脂肪、低胆固醇（不吃肥肉，适量吃蛋及瘦肉、海鲜类食物）饮食。

◎ 少吃甜食，少喝甜的饮料，少吃饱和脂肪（适量吃动物性食品，如肉、蛋、奶）、反式脂肪酸（常存在于速食食品中，如蛋糕、汉堡、比萨、麻花等）和红肉（是的，瘦肉也要适量哦）。

◎ 配合高镁、高钾、高钙、高蛋白和高纤维食物。

当然，如何吃的更健康，其实跟我们每天活动所需要的能量息息相关。如果你长期坐着办公，那么每天运动量属于轻体力运动；如果每天的运动量相当于2～5千米快走，那就属于中等活跃运动量；如果每天的运动消耗超过5千米的快走，那就是正常活跃的运动量。对于不同的运动量，你需要的饮食能量也是不一样的。

🍽 不同人群每日所需热量

性别	年龄/岁	久坐/千卡	中等活跃/千卡	正常活跃/千卡
女	19~30	2 000	2 000~2 200	2 400
	31~50	1 800	2 000	2 200
	51+	1 600	1 800	2 000~2 200
男	19~30	2 400	2 600~2 800	3 000
	31~50	2 200	2 400~2 600	2 800~3 000
	51+	2 000	2 200~2 400	2 400~2 800

如果按照2 000大卡能量的每日活动量来算，你可以做这样的饮食计划。

食物组别	份数	每份分量
谷物类（主食）	6~8	1片面包 半碗饭 30克干的麦片
蔬菜类	4~5	半碗蔬菜
水果类	4~5	1个中等大小的水果 一小把水果干
牛奶（低脂或全脂）	2~3	约240毫升牛奶
瘦肉、家禽、鱼	<6	30克肉 1个鸡蛋
坚果和豆类	每周4~5份	一小把坚果
脂肪和油类	2~3	5毫升植物油，有贫血、低血压的女性每日摄入50克红肉
甜食和添加糖	<5	5克糖

如果再具体一点，你可以为自己的每日饮食做这样一份计划

早餐

主食：全谷物，比如1~2小块玉米或番薯。

维生素：蔬菜、水果。

蛋白质：蛋、奶、豆浆。

少量坚果。

午餐

60克左右的谷物，如拳头大小的米饭或馒头。

250克左右菜多肉少的荤菜+一份蔬菜。

晚餐

应尽量少吃。

90克左右的粗粮、五谷。

鱼、虾、豆制品。

10克左右的坚果。

另外，每日还应当保证1~2升水的摄入。总之，我们除了需要摄入碳水化合物，还应尽量保持每日饮食的丰富性，摄取足够的维生素、有益微量元素、蛋白质。你还可以根据自己平时的食量、体重、喜好，对每日的饮食结构灵活地进行一定的调整。

对于我们中国人来讲，"钠超标"也是一个尤为严重的问题。尤其在一些爱好"重口味"的地区，做菜时往往喜欢加入很多盐和酱油！而国内的膳食指南推荐，每日钠的摄入量不宜超过2 300毫克（≈6克的盐）。另外，还有一些很容易被忽略的调味品也是含钠的"重灾区"！比如蚝油、浓汤宝、味精，还有超市那些零食和加工食品，仔细看看商品背面的标签，你还能发现更多隐形的盐呢。更让人惊讶的是，除了这些咸口的食物，一些点心的"含盐量"也不低。正所谓"要想甜，加点盐"，你以为自己只是美滋滋地吃了一口甜点，其实还顺带摄入了大量的钠。而一旦摄入过度钠，你的体重跟血压都会齐蹭蹭往上增。

为了更好地管理自己的饮食结构，你可以制作下面这种表格对自

己的饮食进行记录，帮助判断自己的饮食结构是否健康，哪些食物应该继续食用，哪些食物应该少吃。

	糖分	蛋白质	脂肪	抗氧化剂	水	加工食品
星期一（举例）	番薯1块	鸡蛋1个，牛奶200毫升	核桃一小把	水煮蔬菜	1 500 毫升	蛋挞1个
星期二						
星期三						
星期四						
星期五						
星期六						
星期天						

敏感肌的生活护理

敏感肌的朋友除了注意护肤的要点之外，还应当对生活规律进行调节。

·保持愉悦的心情·

情绪会直接反映到我们的皮肤上，我们生气、害羞、兴奋时，都会使皮肤血管扩张，出现面红耳赤等现象，而操控这一系列反应变化的就是交感神经系统。脸红本身是一种很正常的现象，我们会因为一些客观的原因"脸红"，比如激烈的运动、发热、更年期，或者在饮酒之后；也会因为一些主观的原因"脸红"，比如兴奋、激动、愤怒、害羞等。

但如果"脸红"变得过于频繁，对于敏感肌的朋友，这却是一种折磨。当人感到压力的时候，身体的肾上腺会分泌与压力相关的激素，比如肾上腺素、去甲肾上腺素、皮质醇，它们会升高血压、血糖，加速血液循环。敏感肌的朋友可能随时处于一种担忧之中：我是不是又会出现皮肤敏感？这种紧张的情绪会通过这些激素来加重原本的敏感情况，从而形成一个恶性循环。而放松心情可有效调节激素水平，来减轻这种情况。

·睡好觉帮助敏感肌自我修复·

保证充足的睡眠，夜间是我们皮肤自我修复的好时机。白天我们需要更多的氧气来维持日常活动，再加上日光的暴露，会产生大量的自由基。而在夜晚，处于睡眠中的身体对氧气的需求量变少，同时会生成大量的激素，比如褪黑素、生长激素、促肾上腺皮质激素（ACTH）、皮质醇、褪黑素等，它们能帮助身体清除代谢自由基，尤其在晚上10点到凌晨2点这个黄金时期。其中的生长激素能修复受损的细胞，促进新细胞的生长。但如果经常熬夜的话，皮肤的自我更新、修复能力就会大大降低，敏感情况也会变得更加严重。睡好觉能让我们的皮肤在这个珍贵的"黄金时间"内进行有效的自我修复。另外，睡眠不足还会增强淋巴细胞活化和促炎细胞因子的持续产生，增加肌肤的敏感情况。

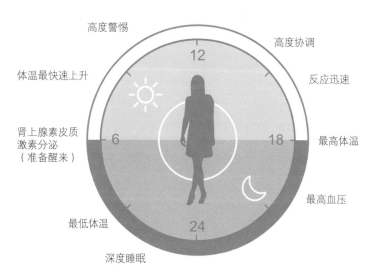

· 保持舒适的生活环境 ·

居住的环境应尽量保持舒适的温度和湿度，温度可以控制在25℃左右，湿度控制在50%～60%为佳。

生活环境尽量保持干净，值得注意的是，部分敏感肌的朋友本身就是"过敏体质"，常伴随如湿疹皮炎、鼻炎、哮喘等过敏性疾病。这类朋友更换到污染程度更高的居住环境之后，会发现自己的肌肤过敏变得更严重。

当然，我们无法决定我们居住的城市环境，但可以力所能及地保持居家环境的干净，可适当摆放一些绿植；污染严重的天气出门时遮盖、保护肌肤，及时地清洗面部，这些都能帮助肌肤减少不必要的环境污染。

第六章

敏感肌如何变得更白净透亮？

在婴幼儿时期，我们的皮肤是那么的光洁无瑕，看起来没有任何的色斑（除先天性的胎记外），而随着年龄的增长，我们的皮肤会逐渐变得暗沉、肤色不均匀，甚至一些人面部、颈部、手部还会出现棕褐色的斑点，看起来非常有碍美观。

为什么我们的皮肤会看起来不够透亮？

甚至出现各类的色斑？

我们又应该怎么做，才能让皮肤保持通透、亮白和干净呢？

为什么我的皮肤暗沉、长斑？

不同人种之间肤色差异巨大，比如生活在欧洲的白色人种，他们拥有最浅的皮肤颜色，而生活在非洲的黑色人种，他们的皮肤颜色则非常深。

想必大家对于这种肤色差异的原因非常清楚："这是因为我们遗传基因不一样呀！"

但为什么就算生活在相同的区域，哪怕有类似的防晒习惯，同一国家、同一人种的个体之间仍会呈现出肤色深浅不一的现象呢？

其实答案很简单，我们的皮肤颜色其实是由以下这些"颜料"混合而成的。

·黑色素·

首先，我们的皮肤颜色取决于一个最根本的因素——位于我们皮肤最外层的黑色素！这些黑色素就像我们皮肤表面的"小煤球"，是决定我们是"黑皮"还是"白皮"的最根本原因。

那这些黑黑的"小煤球"又是从哪里来的呢？其实是我们皮肤细胞自己生产出来的！

首先，日光（主要是紫外线）的照射会激活皮肤黑色素的生产过程。皮肤真皮和表皮（也可以理解为皮肤浅层和深层）的交界地带，我们称之为"基底膜带"，此处正是黑色素生长的家乡。在这里，住着黑色素的"母亲们"——黑色素细胞，它们看起来就像是驻扎在皮肤里的"八爪鱼"，伸出长短不一的小爪子，把自己生产出的黑色素从皮肤底层送到皮肤表面，最终，使我们的皮肤表面呈现出黑黑的肤色或形成色斑。

黑色素细胞生成的黑色素

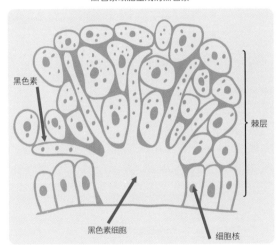

黑色素

棘层

黑色素细胞

细胞核

那么既然大家都有黑色素细胞，并且都会生产黑色素，为什么我们肤色差异还会这么大呢？

这其实主要取决于以下两个因素。

 遗传基因的不同

事实上，我们每个人皮肤中黑色素细胞的数量差异其实并不

大，哪怕是非洲人种，他们与欧洲人种在黑色素细胞数量上也相差无几。

影响肤色的真正差别在于：黑色素细胞产生的黑色素！深色皮肤里的黑色素细胞产生的黑色素更多（例如，黑人皮肤里每个黑色素细胞能产生600个黑色素），且黑色素的个头更大、颜色更黑（棕黑系的真黑素占的比例更大）；相比之下，浅色皮肤里的黑色素细胞产生的黑色素更少（例如，白人皮肤里每个黑色素细胞只产生2~12个黑色素），且黑色素的个头更小、颜色更浅（接近于红黄系的褐黑素的占比更大）。

而恰恰是这种先天存在的黑色素差异，使得我们皮肤颜色不同，从而产生"白皮""黄皮""黑皮"之分，这甚至影响了眼睛和毛发的颜色。

日晒的差异

相信大家都会有这种感觉："一到夏天就变黑了！"这其实是因为，剧烈的日晒会刺激我们皮肤的黑色素细胞产生更多的黑色素，最终让我们变得更黑。

当然，先天的基因差距我们无法改变，但后天的过度日晒则完全可以避免！并且我们可以通过合理的防晒达到"美白"的效果，关于这一点，我们将在后面的章节具体谈及。

· 血红蛋白 ·

或许你会对血红蛋白感到有点陌生，但如果说到"血液""气血""气色"，你就会非常熟悉了。血红蛋白其实是除了黑色素之外，对我们肤色影响最大的因素。比如我们兴奋激动、生气、害羞的时候面部会变得通红，而缺乏血红蛋白，则会让皮肤看起来较为苍白、紫绀。另外，如果局部的血液出现缺氧，或者局部血液循环不通畅，也会导致局部皮肤颜色变得青紫，甚至发黑，比如黑眼圈就是典型的血液循环不通畅导致的颜色改变。

· 胡萝卜素、胆色素等 ·

在大量饮用胡萝卜汁、橘汁等之后，你可能会发现自己的皮肤变"黄"了，这是因为食物中的β-胡萝卜素给皮肤披上了一层颜色。当然，除非你每天摄入超过1斤（500克）的胡萝卜，否则这种变化通常不明显，且这种天然色素是可以自行代谢掉的，对皮肤具有一定的好处。

胡萝卜素本身具有"光保护"的作用，也是A族维生素的重要前体物质，有利于细胞的生长，促进伤口的修复，提高皮肤的免疫力。除了胡萝卜、橙子外，还有许多的蔬果也含有β-胡萝卜素哦（见P065）。

！！警惕！
当我们的身体出现疾病时，皮肤也会明显地变黄，比如肝脏疾病导致的黄疸——由于肝脏无法代谢胆色素，导致其淤积在身体而形成的皮肤发黄。

· 万恶的糖化反应 ·

当我们摄入糖之后，如果这些糖无法及时地被身体代谢掉，它们就会在体内四处游荡，无差别地攻击蛋白质、脂质、核酸，形成晚期糖化终末产物（简称AGEs），这些AGEs会导致皮肤看起来暗沉、发黄，让我们变成"黄脸婆"。

除了以上的因素外，在加班、熬夜，或长时间摄入一些垃圾食品之后，我们的皮肤同样也会变得发黄、暗沉。尤其是在熬夜加班之后，我们的内分泌容易出现紊乱，导致皮肤水油失衡，并加速皮肤的氧化、糖化，从而使皮肤长痘甚至出现一些小细纹。

第二节

这样做让皮肤变白

无论你是不是敏感肌，都可以通过下面的方法，让自己的皮肤看起来更白净、透亮！

(·从现在开始防晒!·)

　　紫外线是我们皮肤产生黑色素的初始原因,所以,做好防晒就能从源头上减少黑色素的产生。如果你是一个超级敏感肌,尝试了很多种防晒霜,都使皮肤刺激不适,那怎么办呢?别担心,你可以尝试打伞,戴帽子、口罩等物理遮挡的方法,这些方法最安全高效。另外,尽量避免长时间待在高温的环境中,高温本身也会加重敏感肌的症状。

　　如果你的皮肤敏感情况还比较稳定,可以尝试涂抹防晒霜来增强防晒效果。但即使你使用了防晒剂,我们仍然推荐你需要配合防晒剂进行有效的防晒,因为部分光线会通过衣服、地面反射,哪怕在室内也难以避免,因此防晒剂+物理遮挡能达到更高效的防晒效果。在防晒剂的选择方面,敏感肌可以选择以氧化锌、二氧化钛为主要成分的物理防晒剂,它们通常对皮肤刺激性会更小。

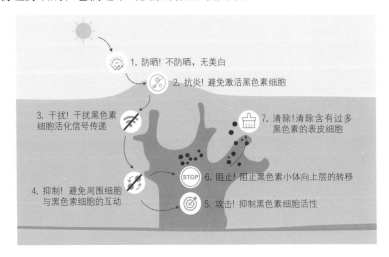

·使用护肤品抑制黑色素生成·

我们可以通过外用护肤品来影响黑色素的产生和运输，从而起到提亮肤色、改善暗沉的效果。常见的美白成分总结如下。

作用原理	成分列举
保护黑色素细胞，减少皮肤炎症	甘草提取物
抑制酪氨酸酶活性及黑色素细胞的激活	熊果苷、苯乙基间苯二酚（377）、曲酸、传明酸（氨甲环酸）、甲氧基水杨酸钾（4MSK）、光甘草定
阻碍黑色素的氧化	维生素C及其衍生物、白藜芦醇、虾青素、谷胱甘肽、多酚类提取物、阿魏酸
阻碍黑色素运输到表皮角质细胞	烟酰胺
加速黑色素在皮肤的代谢	果酸、水杨酸、A醇、曲酸、壬二酸等
对抗炎症、色素沉着	积雪草和油橄榄提取物、儿茶素、红没药醇

对敏感肌而言，看似安全的护肤产品使用之后也可能会加重皮肤的敏感情况，尤其是那些具有美白功效的护肤品，它们通常具有一定的刺激性。不少敏感肌的朋友深有体会："怎么别人用了很好，推荐给我的美白精华，我用了反而觉得脸更黑、更敏感？这是产品的问题吗？"其实，这是因为部分美白产品的成分对敏感肌而言过于刺激，导致毛细血管扩张，让皮肤看起来呈"黑红"样，更严重的，甚至会

激惹肌肤的炎症反应，导致肌肤发烫、长痘等。

下面这些美白成分，敏感肌也可以安心使用含有它们的产品哦。如果你的皮肤状况目前比较稳定，想要尝试效果更明显的美白产品，可以先在局部小块区域的皮肤尝试涂抹这些成分的美白护肤品，无刺激性反应后再大面积外涂使用。

熊果苷

可分为α-熊果苷、β-熊果苷，通常选择的浓度不超过7%。两者也有一些区别，α-熊果苷的效果更好、更快，但具有一定的皮肤刺激性，且价格更贵；β-熊果苷效果稍差一些，但更温和、安全，更适合敏感肌的朋友使用。

传明酸

也叫氨甲环酸，是一种大名鼎鼎的美白成分，皮肤科更是把口服氨甲环酸用来治疗黄褐斑，同样，这个成分外用也能起到美白效果，而且相对温和。如果你仍然担心它的刺激性，可以尝试隔日使用1次，并且配合泛醇、甘草提取物等温和修复的成分来稳定皮肤状况。

维生素C及其衍生物

维生素C可以说是最经典的美白成分，敏感肌可选择5%左右的浓度，除了美白去黄之外，还能起到抗氧化、抗衰的作用。

| 烟酰胺 | 2%～5%的浓度均有效，除了美白，还具有控油、消炎的效果，但具有一定的刺激性，敏感肌建议从低浓度开始尝试。此成分更适合同时有出油多、长痘等肌肤问题的敏感肌人群。 |

·限制糖分的摄入·

除了印象中的一些高糖食物，如面包、糖果、蛋糕、冰淇淋、奶茶等，我们还常常容易忽略一些煎炸食物的糖分。

焦糖色的"美拉德"风席卷时尚圈，但你的皮肤可能并不喜欢它！含有糖分的食物在煎、炸、烤、干煸之后，会出现焦糖色的外观，并且散发出诱人的香味，然而，这些诱人的食物中含有大量的AGEs！

如果你还无法直观地感受AGEs有多"毒"，那我们换种说法。前面说的高糖食物是因为摄入过多的糖，在身体里面经过一系列反应之后再生成AGEs；而煎炸食物本身就含有大量的AGEs，我们吃下去之后都不用还原糖"动手"，直接把毒害物质送到身体里面了。因此，戒掉煎炸、烧烤食物是更具性价比的抗糖方法。

·内服营养保健品·

除了以上的方法，你还可以尝试一些具有抗氧化、美白功效的保健品，比如辅酶Q10、维生素C、维生素E、α-硫辛酸、烟酰胺等，还有一些复合的营养补充剂，它们可以同时补充多种营养成分。

(· 保证睡眠时长，拒绝熬夜 ·)

如果偶尔熬夜，皮肤可能只会短暂出现出油、毛孔粗大、长痘等问题。但长期熬夜之后，你就会发现自己的皮肤变得暗沉、衰老。

熬夜之后的皮肤氧化是不可逆的，正如我们切开新鲜的苹果，在空气中放一会儿之后，苹果就会变黄、干瘪。我们的皮肤其实也是一样，细胞被活性氧氧化之后，会产生一系列的脂褐素沉积在皮肤之中，引起色斑、暗沉等问题。而且正如我们前面所述，皮肤细胞也有它的昼夜节律，需要在夜间进行自我修复，并抑制炎性因子在肌肤里肆虐，因此充足的睡眠对肌肤至关重要。

CHAPTER

第七章

敏感肌如何抗衰老？

无论你是否是敏感肌，衰老都是不可避免的事情。受到外界环境、内在因素等影响，机体会出现衰老的迹象，而皮肤作为人体最大的器官，出现衰老时，它会以肉眼可见的速度出现各种迹象，皮肤衰老的特征表现为：皱纹、色素沉着、弹性减弱、变得薄而干燥，以及容易发炎等。

● 25岁之后

皮肤细胞已不能自行再创造出新的胶原蛋白了，我们可以通过口服或外用抗氧化剂，来阻止肌肤原有的胶原蛋白被降解掉，让衰老的速度变慢一些。

● 30岁之后

皮肤衰老的速度会发生得更快，在这个时间段，我们皮肤原本的代谢周期（30天左右）变得更长，皮肤原本存在的胶原蛋白、弹性蛋白变得更少，你会发现面部皮肤，尤其是眼周、额头、唇周等区域会最先出现小细纹。

● 40岁之后

胶原蛋白的退化速度明显增快，皮肤的皱纹、松弛、下垂等问题都会变得愈发明显，甚至在面部皮肤还会出现明显的凹陷。

● 50岁之后

女性出现绝经，伴随着雌激素的断崖式下降，皮肤得不到雌激素的保护之后，会变得薄、干燥、衰老，且容易出现如瘙痒、湿疹等皮肤问题，这也意味着你需要脂质含量更高的霜剂进行皮肤保湿。

第一节

皮肤为什么会衰老?

究竟是什么因素导致你的皮肤衰老了呢?为什么有人老得慢,有人老得快?皮肤的衰老其实是内在遗传因素和外在环境因素共同作用的结果,下面让我们一起来探索皮肤衰老的秘密。

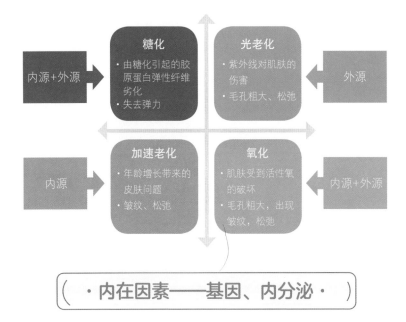

衰老是编写在我们DNA(脱氧核糖核酸)中的程序,我们不可避免地会出现衰老,皮肤当然也不例外,可以说,基因是导致皮肤衰老的根本原因。

一项很有趣的调查研究指出，中国女性在30～50岁的时候会呈现断崖式的衰老，而这两个时间节点刚好分别对应女性的生育期和绝经期。雌激素是女性天然的美容保养圣品，它主要由卵巢分泌，能促进真皮的透明质酸、胶原蛋白等对肌肤年轻有益的物质产生。当雌激素分泌正常时，皮肤会水润而富有弹性；而当雌激素水平下降之后（尤其在绝经之后），女性雌激素会出现断层式的下降，皮肤随之表现出显著的衰老迹象，且在绝经前5年的时间里，皮肤中的胶原蛋白会猛然下降约30%。

·阳光是衰老的加速器·

阳光对皮肤老化的作用有多明显呢？我们直接将其归纳为"光老化"。简而言之，阳光能为人体带来温暖，也会给皮肤带来伤害。阳光中有3个波段的紫外线，对皮肤的伤害尤其明显。

UVA：长波紫外线，320～400纳米，会直接穿透到皮肤深层真皮层，影响真皮胶原和弹力纤维，导致皮肤晒老。

UVB：中波紫外线，290～320纳米，穿透到皮肤的中层（表皮到基底层），导致皮肤晒红、晒伤。

UVC：短波紫外线，200～290纳米，能量高，但大部分都被地球表面的臭氧吸收了，对皮肤影响较小。

除了紫外线，阳光中还存在着大量的可见光，这些可见光会导致自由基的生成，进一步攻击皮肤细胞，加速皮肤衰老。

· 吸烟加速皮肤的衰老 ·

吸烟对肌肤老化的影响已然十分明确。一方面，吸烟时烟雾中的毒性物质能直接与皮肤密切接触，从而被吸收；另一方面，烟雾会通过吸烟者的肺部，进入血液后间接作用于皮肤，烟中的毒性物质会直接加速皮肤的衰老速度。对敏感肌来讲，香烟中的毒性物质还会降低肌肤修复能力，加重肌肤发炎及过敏的情况，还会导致愈合不良、瘢痕、皮肤癌、痤疮、脱发等皮肤疾病。

吸烟会直接加剧皮肤的衰老速度。据统计，香烟燃烧时产生的烟雾，含有3 800多种化学物质，这些化学物质会不断蓄积，最终引起组织细胞的损伤，导致胶原合成减少，原有的胶原被破坏，皮肤的弹性变差，最终导致皮肤加速变老！换而言之，如果你每天吸烟，40岁的时候，你的皮肤状态会跟60岁时一样衰老。

吸烟还会引起皮肤缺血，导致血管变窄、血液黏度增高，香烟中的一氧化碳还会使血液含氧量下降，甚至堵塞血管，最终导致到达皮肤的氧气和血供变少。长期吸烟者的皮肤由于血液循环及供氧变差，面色会变得发灰、苍白。

另外，长期吸烟的吮吸动作，会在不知不觉中引发唇周细纹，最终演变成清晰可见的静态性皱纹。

· 衰老与自由基 ·

人类的生存需要氧气，但鲜为人知的是，有极少量的氧气并没有直接进入体内循环，它们另辟了一条危险的道路，成为有害的氧自由基。当然，我们人体本身是有能力去清除它们的，比如线粒体、超氧化物歧化酶（SOD）都能帮助人体代谢掉这些有害的自由基，但当这些氧自由基产生过多，或随着年龄增加，身体的代谢能力下降，氧自由基就会在我们的体内不断堆积，导致皮肤出现衰老。

氧自由基主要通过这几个方面加速衰老

◎ 与其他物质结合，如与脂质结合成脂褐素（一种难以消除的惰性废物），这些脂褐素如果堆积在皮肤，就会形成烦人的"老年斑"；在脑细胞中堆积，会导致记忆力减退；在心肌细胞中堆积，会导致心肌功能减退；如与胶原蛋白结合，皮肤则会失去弹性、产生皱纹。

◎ 导致线粒体DNA突变。

◎ 诱导细胞凋亡，你可以理解为直接诱导细胞变老。

◎ 攻击蛋白质，蛋白质是我们皮肤重要的支撑物质，这会直接导致我们的皮肤变得干瘪、松弛、下垂。

氧自由基从何处产生呢？我们每时每刻都在产生氧自由基，尤其是在运动的时候，人体需要更多的能量支持，对氧的摄取和消耗变得更多，体内的氧自由基也随之增多，但运动同时也能帮助消耗掉氧自由基，所以整体利大于弊。除此之外，大气污染、紫外线、辐射、药物、吸烟、酗酒、情绪压力、熬夜等都会让你产生额外的氧自由基，加速皮肤的衰老。

皮肤的自由基损伤

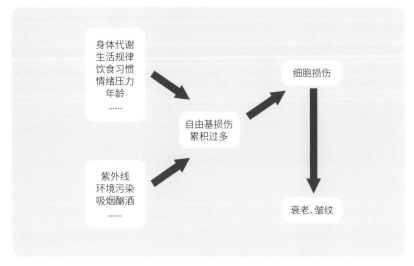

· 衰老与糖 ·

上帝是公平的，为你关上一扇门的同时，也会给你打开一扇窗。糖也是公平的，它让你的大脑产生多巴胺，为你带来快乐，也能生成AGEs，加速衰老。"岁月催人老"，其实糖也催人老。血糖会直接影响皮肤的外观。据相关研究发现，血糖高的人（比如糖尿病患者）看起来至少比实际上老2岁。

血糖高为什么会让人看起来更老呢？这其实源自"糖化反应"——即体内的还原糖（如葡萄糖、果糖、乳糖等），会与蛋白质、脂质、核酸产生一系列的反应，最终形成AGEs。由于糖化反应是无差别攻击，还原糖逮到谁就会攻击谁，逮到让我们皮肤保持年轻、紧致的胶原蛋白、弹性蛋白，那就大事不妙了。胶原蛋白负责为皮肤提供支撑，保持其饱满，弹性蛋白负责维持皮肤弹性，一旦被还原糖"攻陷"，皮肤就会出现松弛、下垂和皱纹。

当然，我们的身体不仅能生成AGEs，也可以代谢掉AGEs。只要分解得够快，AGEs导致的衰老就不足为虑。比如，年轻人身体的代谢能力快，即使生活方式不太健康好像都还是胶原满满。所以老有人抱怨："我以前年轻的时候，熬夜、吃烧烤皮肤都那么好，现在稍微熬个夜、喝点奶茶、吃点烧烤，脸一下子就变得蜡黄，还容易长皱纹。"所以一个扎心的事实就是，年龄越大，AGEs被代谢得越慢，衰老就越明显。年轻的时候多喝点奶茶、多吃点烧烤可能问题不大，但随着岁月的增长，真的需要注意自己的饮食。毕竟，抗糖不仅是为了皮肤好，也是为了减少肥胖、糖尿病等这些容易伴随的身体疾病。

对敏感肌来讲，体内糖的堆积还会削弱肌肤的自我修复能力，加重敏感肌出油、发炎、长痘的情况。

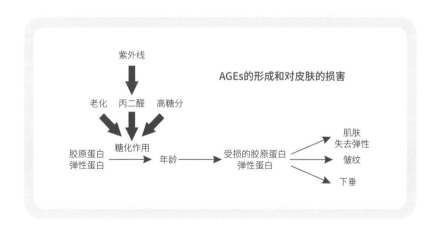

·熬夜加速衰老、敏感·

Cell中发表了一篇关于睡眠不足的论文，论文中以果蝇做实验，睡眠不足的果蝇最长寿的活到了40天，而无法睡觉的果蝇仅20天就死了。

为什么睡眠少的果蝇会死得更快呢？研究人员进一步对这些果蝇展开了研究，发现睡眠剥夺的果蝇肠道中大量的氧自由基聚集，并且含量会随着睡眠剥夺的时间累积而同步升高，当果蝇的睡眠恢复正常之后，氧自由基的水平又会逐渐降低，同时寿命也会相对延长。

由此可见，睡眠不足会导致氧化反应直线飙升，甚至导致死亡的提前！当然，我们人类也不会每天都熬夜不睡觉。但不得不想到，如果经常间歇性地熬夜、睡眠不足，对身体的伤害有多大！氧自由基攻击我们的皮肤，会让皮肤衰老进程提前到来。

熬夜除了会增加氧自由基的产生，还会影响身体内分泌！

常说"小朋友不好好睡觉，就会长不高"，研究确实证明，我们身体的生长激素也有它自己的"生物钟"，晚上10点到凌晨2点正好是它的分泌高峰期，如果这个时间小朋友没有睡觉，就会影响这种激素的正常分泌。并且睡眠不足还会升高皮质醇水平，干扰胶原蛋白的合成。长此以往，皮肤的自我更新和修复能力就会变差，敏感肌的情况加重，胶原蛋白生成不足，皮肤的衰老也会加速。

在夜晚黑暗的环境中，我们的身体还会分泌大量的褪黑素，它不仅能让我们安稳地入睡，还是抗氧化剂、抗癌因子和抗老化因子。相信大家都有这样的感受，在某个休息的周末睡到自然醒，或者某个中午睡得满足之后，迷迷糊糊地爬起来照镜子，会发现自己的皮肤状态格外年轻、饱满。由此可见，睡个好觉，敏感肌就能得到修复，还使人看起来更年轻；睡不好，则会导致敏感肌暴发，从而显得憔悴、衰老。

·不良的生活习惯加速衰老·

除了以上的因素之外，下面这些常见的不良生活习惯也会加速你的衰老速度。

- 经常食用油腻、加工、油炸的食物。化学添加剂、反式脂肪酸会阻碍营养成分的吸收，加速人体的衰老。
- 精神抑郁、压力巨大等不良情绪，也会让我们老得越来越快。压力会让身体被迫开启"战斗"或"逃跑"模式，这种状态会持续消耗身体的能量。
- 缺乏足够的锻炼。一天工作完之后，大部分人都只想安安静静地躺着，但运动能帮助我们保持正常速度的代谢，促进废物的排出。
- 锻炼过度。有人不喜欢运动，也有人运动过度。过度的运动会大大增加身体耗氧量，增加氧自由基的生成，加速我们的衰老，这种现象更常见于一些运动员及军人。

敏感肌如何延缓衰老的速度?

　　抗衰老是每个人的终身课题, 衰老不仅会影响我们的皮肤外观, 还会导致皮肤功能出现异常, 皮肤对外界有害物质的抵抗能力降低, 皮肤的自我修复能力也会大幅下降, 肌肤敏感随之降临。

　　那么, 敏感肌应如何延缓肌肤的衰老速度呢?

· 防晒是最具性价比的抗衰方法 ·

　　正如前面所讲, 紫外线会直接损伤DNA, 诱发皮肤的光老化。做好防晒, 不仅能延缓皮肤衰老的速度, 还能避免紫外线加重敏感肌的炎症。

　　对于40～50岁的人群而言, 防晒还具有预防皮肤癌的作用。进入这个年龄段之后, 肌肤的代谢会显著减缓, 肌肤对日光的防护能力也会大幅降低。那些我们很讨厌的黑色素细胞, 其实对我们的肌肤起着重要的"光保护"作用——当你接受日晒之后, 这些无私的黑色素细胞会通过生成的黑色素颗粒, 主动承受日光的损伤, 避免你的肌肤被晒伤。而在衰老之后, 黑色素细胞的这种"光保护"作用明显减弱, 长期接受日晒的皮肤就容易发生癌变。

· 补充抗氧化剂 ·

我们的身体其实也有天然的抗氧化剂，如性激素、辅酶Q10、超氧化物歧化酶等酶类，以及维生素C、维生素E、β-胡萝卜素、硒等。但随着年龄的增长，代谢能力变得越来越差，我们身体的抗氧化剂也越来越不够用。因此，从25岁开始，我们就可以给身体补充抗氧化剂，比如维生素C、维生素E、维生素B₃、α-硫辛酸等。

维生素C

能促进胶原的生成、抑制胶原的破坏，从而起到抗衰老作用。

维生素E

是一种脂溶性的维生素，它能增加皮肤保湿的能力，加速上皮化。

维生素B₃（烟酰胺）

能增加皮肤脂质和蛋白质角质层的成分，从而改善皮肤衰老的外观。

> 维生素E跟维生素C一起使用，还能起到1+1>2的效果，具有不错的改善色斑、松弛的作用。这两种维生素既能通过口服的方式补充，也是常用的护肤成分，能直接作用于皮肤。

另外，5%以上浓度的烟酰胺还具有美白效果，但应当警惕这种成分可能会加重皮肤敏感的情况，敏感肌的朋友最好选择3%浓度以下的烟酰胺。

α-硫辛酸

是一种"万能抗氧化剂"，能帮助清除导致皮肤衰老的自由基，它还能治疗糖尿病并发症（因糖尿病导致的周围神经感觉异常）。食物中，菠菜、西蓝花、番茄、动物的肾脏、肝脏都含有较多的硫辛酸，除了天然的食物之外，市面上也有一些含有硫辛酸的营养保健品。

·适量喝茶帮助抗衰老·

茶类中的多酚类化合物对皮肤具有广泛的好处，包括抗氧化、抗炎、抗癌等效果，同时还具有光保护和抗衰老的作用。更难能可贵的是，这些多酚类化合物广泛存在于我们的日常饮食中，快看看哪些食物富含多酚类化合物吧。

绿茶多酚

具有很强的抗氧化作用，更可贵的是，它还具有良好的光保护作用，长期饮用绿茶能帮助皮肤抵御日光的伤害，帮助预防皮肤光老化。当然，如果平时没有喝茶的习惯，也可以使用一些以绿茶多酚为主要成分的护肤品。如果你最近有外出旅行的计划，皮肤难免会暴露在日光之下，不妨在旅行前就开始饮用绿茶。

黄酮类

广泛存在于各类水果、蔬菜、谷物等中，黄酮类化合物具有抗氧化、抗炎、抗诱变、抗癌的广泛作用。

白藜芦醇

是一种很好的抗氧化、抗衰老补充剂，它在葡萄皮中的含量最高，在红酒、桑葚、花生中也有少量。

!! 敏感肌的朋友需要注意，过于热烫的茶，会因为升高皮肤温度而加重敏感肌发红的情况，因此，敏感肌的朋友不要直接喝滚烫的热茶，可以将茶放置到不烫口后再饮用。

(· 更健康的低GI饮食结构 ·)

低GI饮食对减少肌肤敏感、延缓衰老、保持身体健康具有广泛的好处，这里为大家提供部分常见食物的GI数值，大家可以尽量多选择GI数值低的食物。

当然，我们大为推崇的"美容圣品"——水果，其实也含有糖分，但鉴于水果对人体的健康利大于弊，你仍然可以选择适量地摄入。真正需要警惕的是那些"糖分高且营养价值低"的食物，比如奶茶等各种含糖饮料，蛋糕、面包等高糖食物，以及红烧肉、红烧排骨、蛋挞、烤面包、烤吐司等直接含有AGEs的食物，它们闻起来很香，但吃下去却能让皮肤更快走向衰老。多蒸煮、少煎炸才是健康的做菜方法。

GI 值分类

低GI
1 ~ 55

中GI
55 ~ 69

高GI
70 ~ 100

主食		鱼、肉、奶		水果		蔬菜、谷物		点心	
100克	GI	100克	GI	100克	GI	100克	GI	100克	GI
馒头	88	蛋饺	75	西瓜	95	马铃薯	90	白糖	109
白米饭	84	贡丸	70	荔枝	79	胡萝卜	80	巧克力	91
牛角面包	68	牛肚	70	菠萝	65	番薯	76	蜂蜜	88
意大利面	65	金枪鱼	55	葡萄	56	山药	75	甜甜圈	86
麦片	64	培根	49	香蕉	55	玉米	70	洋芋片	85
碱水面	61	牛肉	46	芒果	49	南瓜	65	鲜奶蛋糕	82
荞麦面	59	火腿	46	哈密瓜	41	芋头	64	松饼	80
黑麦面包	58	鸡肉	46	桃	41	韭菜	52	苏打饼干	70
稀饭	57	鸭肉	45	樱桃	37	豆腐	42	冰淇淋	65
糯米饭	56	香肠	45	苹果	36	莲藕	36	布丁	52
燕麦片	55	猪肉	45	猕猴桃	35	洋葱	30	果冻	46
全麦面包	50	羊肉	45	梨	32	番茄	30	黑巧克力	22
		鳗鱼	45	柳橙	31	香菇	28		
		牡蛎	45	木瓜	30	四季豆	26		
		沙丁鱼	40	草莓	29	青椒	26		
		虾	40			木耳	26		
		脱脂牛奶	30			芹菜	25		
		全脂牛奶	25			花椰菜	25		
						茄子	25		
						苦瓜	24		
						小黄瓜	23		
						莴笋	23		
						豆芽	22		
						花生	22		
						海带	17		

·保持适度运动·

适度运动能帮助抗氧化，加速身体的新陈代谢，降低身体的胰岛素水平，将自由基、糖加速排出体外；但过度运动则会使身体额外摄入氧气，加剧有害的氧化反应，加速衰老。

通常来讲，每天进行一次约步行5千米的运动比较合适，你也可以请专业人员，量身定制更合适的运动规划。

敏感肌需要额外注意的是，运动伴随的高温可能会加重你的面部肌肤血供，从而加重潮红和灼热的情况。因此，最好不要选择过于剧烈的运动方式，可以选择如瑜伽、跳舞等有氧运动。运动时不要化妆，可以随身携带一个干净的小毛巾及时擦拭肌肤的汗液，运动完用清水清洁肌肤、涂抹保湿乳，避免汗液浸渍、刺激肌肤。

·这些营养保健品有助于抗衰老·

维生素E

是市面上最常见的营养保健品，能延缓细胞的衰老、死亡，对敏感肌而言还能起到缓解干燥、发炎的作用。除了保健品，一些天然的食物也含有维生素E，如小麦胚芽、玉米油、大豆油、棉籽油、向日葵油、蛋、动物肝脏、绿色蔬菜等。

超氧化物歧化酶（SOD）

能清除已经形成的氧自由基，主要包括3类。

- ◉ Cu，Zn-SOD 主要存在于动物肝脏、菠菜、豌豆等中。
- ◉ Mn（锰）-SOD 主要存在于银杏、柠檬、番茄等中。
- ◉ Fe-SOD 主要存在于银杏、柠檬、番茄等中。

谷胱甘肽（还原型）

由谷氨酸、半胱氨酸、甘氨酸缩合而成的活性三肽化合物，还原型谷胱甘肽本身是一种护肝药，还是一种抗氧化剂，天然存在于动物肝脏、血液、酵母、小麦胚芽等中。

葡萄籽提取物

能抗氧化、延缓衰老。

β-胡萝卜素

是自然界最普遍存在的天然色素，不仅能清除自由基，还能减少紫外线的伤害，增强免疫力，广泛存在于橙黄色的果蔬中。

·保证充足的睡眠·

充足的睡眠对减少肌肤敏感、抗衰老具有不可替代的好处。那怎么样才叫睡好觉呢？在不可避免熬夜的现代，熬夜之后又如何进行补救呢？

很多人对几点之后睡觉才算"熬夜"这个问题有疑惑，通常认为，晚上11点不睡就叫熬夜。如果能戒掉睡前玩手机的习惯，保持心情舒畅，保证做到晚上11点前入睡无疑是最佳选择。但在生活压力巨大的现代，其实很多人都做不到上述几点，对于这部分人群，建议尽量保持睡眠的规律性。要知道，人体之间是有差别的，但只要总体睡眠比较规律，身体便可以自行调节；但如果作息紊乱，超过身体的自我调节能力，就会引发各种健康问题。

那如何判断自己是否睡好了？你可以通过这几个简单的问题自我判断：起床的时候是否很困难？睡觉期间是否经常醒来？白天是不是感到很困倦、很想睡觉？如果都没有的话，恭喜你有不错的睡眠！

对于一些睡眠比较困难的朋友，你可以通过以下这些方法改善自己的睡眠

- 睡前洗个澡、听一听音乐，或饮用一杯牛奶，避免一直工作到入睡前，让精神和身体都处于放松的状态会更容易入睡。

- 保持入睡环境的舒适、干净，不要开着灯睡觉，在黑暗中有助于睡眠的褪黑素才能正常分泌。另外，保持入睡时的温度、湿度处于最舒服的状态。

- 建立稳定的生物钟，如果你已经习惯晚睡了，不妨试试每天提早15分钟睡觉，直到能保证每天有7~9小时的睡眠时间。

- 使用舒适、柔软的床上用品，尤其是枕头，这会让你睡得更舒服。

当然，也有一部分人由于工作或压力等情况，不得已被迫熬夜。那么，熬夜之后，我们如何进行补救呢?

需要强调的是："事后补觉需要更高的成本"，而且效果会大打折扣。比如你自己也会感觉，如果某个夜晚休息得特别差，或者直接熬了个通宵，第二天哪怕补了几个小时的觉，仍然觉得没什么精神，而且还影响第二天夜晚的正常入睡。

除了事后再补觉，其实你还可以尝试这样做

- 在最重要的凌晨两三点时小憩1个小时。
- 每小时适当地活动一下身体。
- 要注意多喝水，缓解熬夜导致的身体水电解质平衡紊乱。
- 补充一些维生素，帮助抗氧化。
- 饮食宜清淡、易消化，以蛋白质为主，配合一些新鲜的果蔬，比如牛奶、全麦面包、粥、水果奶昔、坚果等。
- 远离烟酒。

第八章

常见的功效性
护肤成分

敏感肌友好的功效性护肤成分

·神经酰胺·

神经酰胺是皮肤角质层屏障的组成成分之一，它是一种水溶性脂质物质，能很好地渗透进皮肤，帮助皮肤锁住水分。缺乏神经酰胺，是干性敏感肌形成的重要原因之一。

神经酰胺与其他脂质成分按照一定比例组合之后，能达到更好的保湿、修复敏感肌的作用，最佳比例是50%神经酰胺+25%胆固醇+15%游离脂肪酸。

神经酰胺还有一个进化版本——葡糖神经酰胺，它是神经酰胺的前体物质，正常人皮肤中的葡糖神经酰胺是敏感肌的6倍，它可以作为信号抑制细胞凋亡，起到更好的皮肤修复作用。

·维生素E·

维生素E作为大家所熟知的一种成分，被广泛地用在保健品、医药品、化妆品中，对皮肤具有滋润的作用，对粉刺、色斑、皮肤干燥、紫外线损伤等都具有很好的修复作用，并且价格低廉。之前真假维生素E乳（VE乳）事件闹得沸沸扬扬，同样是加了维生素E的产品，为什么价格差别那么大？真的是中间商赚差价吗？

维生素E在化妆品原料中的标准名称为生育酚。它是个很神奇的原料，有时候效果显著，有时候似乎无明显作用，为什么会出现这种现象呢？

其实，在化妆品中添加的维生素E被分为两类

◎ 原型的维生素E，在成分表上显示的名称为"生育酚"，英文名为Tocopherol。

◎ 维生素E酯，成分表显示为"生育酚乙酸酯"（最常用）、"生育酚棕榈酸酯"，还有一些显示为"生育酚酯化物"，比如生育酚琥珀酸酯、生育酚亚油酸酯、生育酚磷酸酯及生育酚烟酸酯等。

看到这里你可能会一头雾水，它们之间有什么差别？说起来，两者差别还挺大的。维生素E酯效果不太明显，但它最大的优点是不容易被氧化，可以直接添加在护肤品中，所以好多化妆品为了省事儿（便宜）就直接使用了维生素E酯，但如此操作，产品虽然价格降下来了，但效果也大打折扣。

对比起来，维生素E（生育酚）才真正有效果！但它有个致命的问题——添加在护肤品中容易被氧化，所以要使用特殊的技术进行处理，帮助保护这个成分在化妆品中能正常使用。常见的方法如使用脂

质体技术将维生素E包裹起来，这样做的好处在于：①保护维生素E不轻易被氧化；②让维生素E更好地渗透入皮肤，从而大大提升维生素E的功效。但缺点就是成本会上涨，价格自然也就被抬高了。

维生素E这个成分对敏感肌非常友好。敏感肌的朋友使用它不仅能改善皮肤敏感，还具有不错的抗氧化效果。

·卵磷脂·

讲到卵磷脂，那又要提到维生素E了！维生素E除了当主角，作为配角也同样出色。传统用来包裹维生素E的脂质体使用的是氢化卵磷脂，而新技术使用的更高级的磷脂，叫作"磷脂酰肌醇"（Phosphatidylinositol），这个成分本身可以单独作为护肤原料主角，是一种具有生理活性的脂质。作为一个不错的功效性成分，它对细胞形态、代谢调控、信号传导和细胞的各种生理功能都起到非常重要的作用，在化妆品成分表中多以"卵磷脂"这个名字存在。但这个成分也有个巨大的缺点，就是非常容易被氧化变质！那怎么办呢？维生素E这时候就"挺身而出"，牺牲自己来保护这个成分，并且两个"好兄弟"互相搭配还能起到更好的效果！

由于敏感肌主要是因为皮肤脂质不足而引发的皮肤问题，所以这个成分极为适合敏感肌，如果再跟维生素E搭配会更棒哦！

·透明质酸合成酶3·

英文名为Hyaluronan synthase3（HAS3），是一种新兴的护肤成

分，为一种能参与透明质酸合成的酶。透明质酸也就是大名鼎鼎的玻尿酸，在医学美容领域被广泛应用，比如大家熟悉的水光针便含有这种成分。另外，它还是注射美容最常使用的基本材料。由此可见，玻尿酸有多么厉害！一方面，它具有非常强的补水作用；另一方面，真皮层的玻尿酸对皮肤起到重要的支撑作用，掌握着皮肤衰老与否的"命脉"。HAS3正是能促进透明质酸合成的成分，它对皮肤的保湿、抗衰老都有不错的效果，最重要的是这个原料对敏感肌非常友好！

·肽类·

又叫作胜肽，是由多种氨基酸（＜50个）序列组成，它是一种多功能护肤活性物质，可以减少皱纹、治疗痤疮、改善皮肤暗沉和提高皮肤弹性，具有亮肤缓解晒伤的功效。

三肽-1	修复表皮层损伤，增强皮肤抵抗力
七肽-6	活化表皮细胞生长因子受体，增强细胞活力，促进细胞代谢，唤醒休眠细胞进入增殖分裂周期，修复皮肤问题
谷胱甘肽	减少酪氨酸酶合成，调节黑色素生成机制，减少黑色素沉着，使皮肤自然美白
乙酰基六肽-8	抑制乙酰胆碱释放，缓解由神经支配的皱纹，如面部细小表情纹、鱼尾纹等
寡肽-3	修复真皮层损伤，改善弹性，消除细小皱纹，延缓老化
九肽-1	通过竞争性抑制酪氨酸酶活性，阻止黑色素形成，减少色素沉着，使皮肤天然美白
二肽二氨基丁向苄基酰胺二乙酸盐	作用于神经与肌肉细胞接触的突触，缓解由神经支配的皱纹，如面部细小表情纹、鱼尾纹等

酵母菌多肽类	提高成纤维细胞活性，促进皮肤细胞增殖，增强皮肤再生活力，促进胶原蛋白、弹性蛋白分泌，恢复皮肤弹性
肌肽	抗氧化，清除自由基，修复因氧化损伤的皮肤细胞，焕活细胞能量

·多糖·

多糖及其衍生物属于一大类成分，广为人知的有玻色因、木糖醇、甘露糖（鼠李糖）和糖原，能促进胶原、黏多糖生成，加强皮肤屏障功能。这类成分性质温和，敏感肌也可以尝试。

·EUK-134·

这是一种很神奇的抗氧化成分，EUK-134这个名字可能有点陌生，但SOD大家就熟悉了吧？EUK-134的全称为"乙基双亚氨基甲基愈创木酚锰氯化物"（Ethylbisminomethylguaiacol manganese chloride），是一种人工合成的SOD和过氧化氢酶模拟物。这个成分既有SOD的活性，又有过氧化氢酶的活性，具有强大的抗氧化能力。白天我们的皮肤会因为日晒，被氧化伤害，直到晚上修复之后才能恢复正常，但是如果你白天使用了EUK-134，则可以一整天持续保护皮肤不受到阳光的氧化伤害！而且与维生素E相比，EUK-134能为暴露在阳光下的皮肤继续"保驾护航"，持续发挥它的抗氧化作用，展现出卓越的"光保护"效果。所以，白天不妨将这个成分加入日间护肤程序中。当然，如果把它跟维生素E等经典的抗氧化成分一起使用，效果会更好！但需要注意：EUK-134在酸性和碱性环境下不是很稳定，所以它不能与果酸、水杨酸、维生素C等产品一起使用，也不要在使用洁面皂之后使用。

·角鲨烯·

相信大家对这个名称可能并不陌生，这个成分天然存在于我们皮肤之中，几乎不存在副作用。随着我们慢慢长大，角鲨烯在皮脂中的含量也会逐渐升高，直到稳定在12%~20%的水平，对皮肤的保湿滋润起到非常重要的作用。

🔒 皮脂的组成成分

成分	含量/%
甘油酯类	30~50
游离脂肪酸	15~30
蜡脂	26~30
角鲨烯	12~20
胆固醇酯	3.0~6.0
胆固醇	1.5~2.5

角鲨烯是个十足的"老实人"，皮肤在被阳光伤害之后，第一个受伤的也是它！但是被阳光暴击之后的角鲨烯会"性情大变"，皮脂腺管口的角鲨烯在紫外线作用下，会被氧化凝固，这样一来，人畜无害的角鲨烯摇身一变成了人人喊打的"油脂栓子"。它会造成毛孔的堵塞，使皮肤发炎、长痘……

所以你会发现，一些皮肤爱出油的朋友，在暴晒之后不仅黑了，痘痘也变多了。

·牛油果树果脂·

属于植物脂质的一种，但这么多植物，为什么偏偏选中牛油果呢？那自然是有原因的。牛油果树果脂具有较长的平均脂肪酸链，这一特性对于敏感肌来讲尤为重要，脂肪酸链越长，脂质堆积越紧密，皮肤屏障保护功能越强。另外，它还有高含量的不皂化物，比如三萜类、生育酚，这些成分也有一定的抗炎和抗氧化特性。

·水杨酸·

说到"酸"，大家的第一反应就是它具有刺激性，以及敏感肌不能使用等特性，但水杨酸的存在，会颠覆你的一些想法。

水杨酸本身是一个脂溶性的成分，能顺着皮脂腺渗入毛孔深层，帮助溶解毛孔内老旧堆积的角质，避免毛孔堵塞，减少粉刺的形成。不过，水杨酸由于本身的溶解性不好，既不溶于水也不溶于油，需要酒精溶解才能在皮肤上发挥功效，所以被认为刺激性很强。

如今有了更新的技术来解决"水杨酸溶解性不好"的问题，这个时候，人们才发现水杨酸原来是个"宝藏成分"，在低浓度（＜4%）的时候，它能减少经皮水分的丢失，帮助修复皮肤屏障。另外，皮肤在弱酸的环境下，它更能发挥健康屏障保护的功能。而缓释型的水杨酸正好能让皮肤保持在弱酸状态。所以，油敏肌、痘肌的朋友不妨试一试这个成分。

水杨酸还有个大名鼎鼎的亲戚——乙酰水杨酸，即大家熟悉的阿司匹林。它能抑制前列腺素的产生，抑制炎症因子，从而起到抗炎的作用，所以从这个角度来看，水杨酸并不是大家印象中的敏感肌禁用，反而能帮助敏感肌消炎。

·甘草提取物·
（光果甘草提取物、甘草酸二钾、硬酯醇甘草亭酸酯）

光果甘草提取物来源于光果甘草的茎或根，活性成分主要为三萜类、黄酮类（光甘草定）、多糖类、氨基酸、生物碱和有机酸（甘草酸）等化合物。它能抑制酪氨酸酶的活性，具有良好的美白功效及与维生素E类似的抗氧化能力，是一种具有抗菌消炎、抗氧化、抗衰老、抗紫外线、美白淡斑等功能的活性成分。

甘草酸二钾、硬酯醇甘草亭酸酯均提取自甘草根部，是常见的抗炎成分，这类成分油敏肌也可以使用。

·阿魏酸·

是一种天然植物活性成分，普遍存在于大自然植物中的一种酚酸。

在护肤品中，阿魏酸具有以下几种护肤功效

◎ 抑制黑色素细胞、酪氨酸酶活性，起到美白的作用。

◎ 清除氧自由基，具有抗氧化作用。

◎ 吸收290～330纳米波长范围的紫外线，预防或减少此波长紫外线对皮肤的损伤。

但需要注意的是，日光照射会减少阿魏酸的含量，因此它需要避光保存；另外，随着温度的升高阿魏酸也会降解，因此需要低温保存。由于它的不稳定性，阿魏酸在护肤品中的应用并不多，如果你正在使用含阿魏酸的护肤品，注意避光、低温保存，开封后要尽快使用完。

·传明酸·

传明酸又叫氨甲环酸，能将它用于化妆品领域，可以说完全是个意外，氨甲环酸最开始被当作止血药使用，结果医生在使用氨甲环酸治疗蛛网膜下腔出血的患者后发现，患者全身都变白了！在这之后，皮肤科医生开始将口服的氨甲环酸用于治疗黄褐斑的患者，化妆品公司也逐渐将氨甲环酸用于美白淡斑的产品中。氨甲环酸美白淡斑的基本原理是：①阻断黑色素的生成；②阻断黑色素小体从黑色素细胞转移到周围细胞；③促进角质层脱落，加速黑色素的代谢。

·麦角硫因·

麦角硫因是一种优秀的抗氧化剂，能保护细胞免受紫外线诱导的活性氧侵害。除了能抗氧化，麦角硫因还能激活人体抗氧化基因的表达，也就是说，它不仅能通过外源性的补充来抗氧化，还能刺激人体自身产生抗氧化剂，抵御活性氧引起的皮肤氧化损伤。此外，麦角硫因还能提高细胞对能量的应用，降低炎症因子，修复肌肤炎症，降低胶原蛋白的降解。

(· 虾青素（雨生红球藻提取物）·)

顾名思义，虾青素广泛存在于虾类中，还存在于蟹类等甲壳类，鲑鱼等鱼类，以及雨生红球藻中。它看起来呈现红色，是胡萝卜素的一种，虾青素具有极好的抗氧化能力，还能起到抑制皮脂分泌的效果，油敏肌的朋友可以尝试使用这个成分。

这些成分使用冻干技术处理后更适合敏感肌哦！

近些年，伴随着生活水平和品质的持续提升，对化妆品品质和功效的期待值也随之提升。与此同时，化妆品向着纯天然、强功效、高安全方向发展的趋势也越来越明显，以生物制剂技术为背景，冻干技术的发展也适应了这一趋势的变化。科技美肤冻干类型产品的出现，不仅满足了现代人对于护肤品的更高需求，更是引领了护肤品的发展趋势，其纯净护肤的特性更是敏感肌人群的福音。

什么是冻干？

"冻干"其实是一种储存技术，又叫真空冷冻干燥技术，能将溶液在低温（−40℃左右）下冻结成固态，然后在真空中使其中的水分升华，最终使溶液干燥脱水成粉末状，这种技术能有效保存成分活性，延长使用期。

随着冻干技术的发展，化妆品企业发现"冻干"护肤具有诸多的好处。

成分保鲜。低温真空干燥保存活性成分，能防止有效成分的氧化失活，能很好地保存一些稳定性较差的成分，让有效成分发挥最大的功效，如维生素C、寡肽等。

无化学添加剂。无防腐剂、增稠剂、香精、色素、矿物油、石油系表面活性剂等。对部分防腐剂、香精等过敏的敏感肌尤其友好。

无菌生产。达到医药级别标准，避免了可能造成的微生物污染。冻干技术已经被广泛应用于敏感型护肤产品中，如冻干粉、冻干精华、冻干面膜、冻干乳等。

敏感肌肤可以使用冻干粉吗？

冻干粉在使用的时候，需要将无菌粉剂和溶媒混合之后再使用，遇水激活，瞬时释放形成高生物活性的冻干精华。其护肤功效具体取决于冻干粉内含有什么活性成分，以及活性成分的添加浓度。

以多肽、蛋白质为主要成分，还会添加如透明质酸、传明酸、植物提取物等成分，这些成分可有效帮助改善肌肤脆弱、舒缓肌肤不适、降低炎症因子，维护肌肤稳定状态，恢复肌肤屏障功能，还可以帮助修复受损老化肌肤，改善干纹细纹，紧致并提亮肌肤。再加上冻干技术本身不需要添加防腐剂来保存，精准护肤功效优于普通护肤品，因此更适合敏感肌的朋友使用。如果皮肤问题不断，使用普通护肤品都于事无补，那么你不妨考虑下冻干粉。

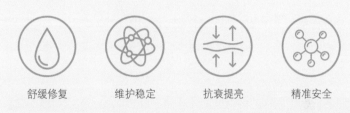

舒缓修复　　　维护稳定　　　抗衰提亮　　　精准安全

如何挑选冻干粉？

冻干粉不仅适用于敏感肌日常保养，还可用于特殊的损伤修护。它更适合细纹、长痘等问题明显的肌肤，我们可以按自己的需求来选择，比如全能修复型、祛皱抗衰型、补水保湿型等。但最重要的是要选择安全可靠的产品，购买冻干粉的时候，一定要认准品牌，拥有正规的生产信息，以及成分表、保质期等，一定不能购买"三无"产品。

储存时也要特别注意：未开封使用的冻干粉放于低温、干燥、通风处储存，避免高温及阳光照射；已配好的冻干粉溶液，最好放于冰箱（4~10℃）冷藏。冻干粉溶解后24小时内用完最佳（避免活性流失过多降低使用效果）。

敏感肌家居护理小方法

准备物料：冻干粉、保护油、生理盐水。

护理流程：

1 **清洁**。使用温和的清洁产品（平常已经接受的清洁类产品不建议更换），也可使用清水清洁。

2 **冻干粉修复**。每天使用一对活性肽修复型冻干粉轻拍面部。根据面部排异现象，酌情用生理盐水稀释冻干粉。

3 **保护**。在掌心搓热修复油之后，在面部均匀涂抹即可。

4 **随时修复**。将一支活性肽修复型冻干粉粉末与5毫升生理盐水调和后装在喷雾瓶中，随身携带，随时喷于面部以修复皮肤。

7天为1个疗程。可持续使用，让皮肤回归健康美丽。

冻干粉可让肌肤美好如初

活性肽修复型冻干粉28天使用效果

使用前　粉刺滋生

使用后　粉刺消退，炎症减少

使用前　脸颊局部有红血丝

使用后　红血丝消退

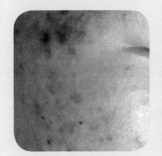
使用前　痘痘、痘印残留

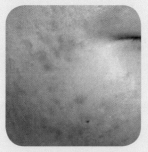
使用后　痘痘消退、痘印变淡

敏感肌谨慎使用的功效性成分

·壬二酸·

壬二酸也是一种"万能成分",具有多种护肤功效:抑制细菌生长、抑制油脂分泌、抑制黑色素生成、抗炎、抗氧化、抗皮肤角化过度。但通常壬二酸最被认可的功效,还是集中在美白、祛痘两大方面。虽然属于"酸"性家族成员,但它性质温和很多,甚至可以用来治疗玫瑰痤疮。壬二酸本身还具有一些刺激性,市面上多以"壬二酸乳膏"的形式售卖,油性敏感肌又长痘的朋友可以在局部长痘或有痘印的位置点涂这种药膏。

·果酸·

果酸(AHA),常见如甘醇酸、乳酸。市面上也有很多复合果酸精华,它们能疏通毛孔,控油,去除角质,加速皮肤更新代谢的速度,改善长痘、肤色暗沉。这类产品具有一定的刺激性(国内化妆品要求浓度不超过6%),敏感肌应当慎用。

如果你是油敏肌,伴有长痘的问题可以尝试乳酸、杏仁酸等性质更温和的果酸,它们能温和地去角质,改善毛孔堵塞,又有一定的消炎效果。另外，使用了这类产品之后应当注意防晒，暴晒可能会出现炎症后色素沉着。

· 维A类 ·

维A类能加强细胞的更新代谢，防止胶原蛋白降解，并刺激新的胶原产生，具有不错的抗衰老效果。由于维A酸具有很强的刺激性，属于皮肤科的处方药，在化妆品行业更常应用的是A醇类，但其仍具有一定的刺激性，敏感肌的朋友最好在自己皮肤稳定的时候，先小面积皮肤尝试使用。

· 曲酸 ·

曲酸可以通过各种物质，由曲霉（一种真菌）发酵获得，酪氨酸酶是必不可少的催化剂，曲酸能跟酪氨酸酶抢夺铜离子，使酪氨酸酶失去活性，阻断黑色素的生成，起到良好的美白、淡斑效果，被广泛地应用在美白、淡斑的产品中。但需要注意的是，曲酸本身性质不是特别稳定，在日晒和高温环境下容易被分解、氧化，需要避光、冷藏保存。另外，虽然浓度高（超过2%）的时候曲酸的美白效果会更好，但刺激性也会大大增加，甚至引起皮肤过敏，为了减少过敏的风险，曲酸的添加量最好不超过1%。

· 辅酶Q10 ·

辅酶Q10被认为是一种再生抗氧化剂，当应用于皮肤时，它可以减少皮肤氧化、减少皱纹，同时还具有防止UVA辐射的光保护作用，是一种强大的抗衰老成分。它可以在含维生素C、维生素E的护肤品之后配合使用，能达到更好的抗氧化效果。这种成分性质温和，对敏感肌比较友好。

·熊果苷·

熊果苷能有效抑制酪氨酸酶活性，阻断黑色素的形成，主要具有美白、亮肤的功效。目前市面上的熊果苷有α-熊果苷和β-熊果苷两种。其中，α-熊果苷的效果更好，但较高的价格成本，限制了它在护肤品中的使用，且具有一定的刺激性，敏感肌使用前最好局部皮肤试用一下；β-熊果苷则具有更低的成本价格，性质也比较温和，但使用效果会差一些。

CHAPTER

第九章

积极修复敏感肌的
4周计划

在应对人生的重要场合时，比如结婚，参加重要聚会、会议等时，敏感肌却动辄发热、发烫、瘙痒，甚至出现烂脸……根本无法通过化妆遮盖，甚至涂抹化妆品后肌肤马上就会出现反应。敏感肌在重要场合前如何快速调整到最佳状态？

·让肌肤自我恢复！从4周前开始精简护肤·

 不化妆

如果你在一个月之后要参加重要的场合，不妨试试一个月前就开始不要化妆，不使用任何彩妆类的产品，以尽可能地减少对肌肤产生不必要的额外负担。

以物理防晒为主

日光会加剧敏感肌的炎症，但适当防晒对敏感肌同样十分必要。使用防晒面罩、遮阳伞、墨镜等物理遮盖的方式进行防晒时，需要定期清洁每日与我们肌肤密切接触的防晒面罩，因为面罩上面黏附有皮屑、粉尘、有害的微生物等，可能会诱发肌肤过敏。如果你的肌肤状态比较稳定，可以选择一些标注有"敏感肌适用"的防晒产品，它们能为你提供更好的防晒功效。

 温和清洁

如果没有使用防晒产品，直接用温水清洁面部即可。如果有使用一些防晒产品，选择标注有"敏感肌适用"的温和洁面乳进行清洁，并且不要让它们在肌肤上停留时间过长，或粗暴地揉搓面部肌肤，应轻轻地打圈按摩，然后使用清水清洁干净就可以了。在洁面之后，记得即时涂抹上保湿产品。

 使用修复功效的护肤品，尤其是冻干粉类护肤品能达到更佳的效果

推荐使用含以下成分的润肤产品。

皮肤屏障修护功效物质

分类	作用	物质
保湿	增加皮肤含水量，维持角质层水合作用，改善皮肤干燥、起皮屑等问题	天然保湿因子（吡咯烷酮羧酸、氨基酸、尿素和乳酸盐等）、多元醇、甜菜碱、吡咯烷基酮羧酸钠（PCA-Na）、透明质酸、泛醇、麦芽糖醇、木糖醇、尿素、聚乙二醇、甲壳素、β-葡聚糖等
润肤	形成油膜，减少皮肤中水分屏障缺损经皮流失，暂时填补皮肤	凡士林、羊毛脂、硅氧烷、卵磷脂、脂肪酸、角鲨烯、石蜡、植物油脂（如牛油果、树果脂、红花籽油、月见草油、向日葵籽油等）
修护	保护皮肤细胞或修护皮肤屏障、促进细胞再生、抗氧化及保护皮肤血管、稳定皮肤细胞膜等	生育酚、壳聚糖、尿囊素、蜂王浆提取物、神经酰胺、铂纳米粒子、蓝铜胜肽及橄榄果提取物、葡萄籽提取物、蓝蓟种籽提取物、薰衣草提取物、马齿苋提取物、茶类提取物、仙人掌茎提取物、褐藻提取物、狭叶松果菊提取物、芍药提取物等

缓解炎性皮肤和镇静舒缓的功效物质

分类	作用	物质
缓解炎性反应	有效降低炎症因子的表达，缓解皮肤发红、干燥	马齿苋提取物、燕麦生物碱、烟酰胺、甘草酸二钾、红没药醇/姜根提取物、尿囊素、白藜芦醇、积雪草苷、棕榈酰三肽-8、芦荟提取物、黄芩根提取物、洋甘菊提取物、胀果甘草提取物、七叶树皂苷、铂纳米颗粒等
镇静舒缓	作用于皮肤感觉神经受体，舒缓皮肤痛感、痒感	金盏花提取物、4-叔丁基环己醇、乙酰基二肽-1鲸蜡醇、海茴香提取物等

对于干敏肌而言，皮脂缺乏的问题更明显，因此需要使用更多具有"润肤"功效的强保湿产品，帮助牢牢锁住水分。

如果你是油敏肌，那么干敏肌使用的润肤剂就不太适合你了，可以选择保湿、修复类的保湿剂，特别是那些标注"不致粉刺"产品。另外，一些具有舒缓、消炎、镇静功效成分的产品也能帮助缓解敏感肌的炎症反应。

·"吃"出好肌肤！制定"美肌食谱"·

☑ 每周至少食用3份动物肝脏（1份约85克）、5~8个鸡蛋。

☑ 保证每日食用含有各种颜色的蔬菜。

◎ 羽衣甘蓝、瑞士甜菜、菠菜、蒲公英、芥菜。

◎ 西蓝花、卷心菜、花椰菜、白菜、芝麻菜、萝卜、甜菜。

◉ 彩色蔬菜，如胡萝卜、西红柿、彩椒、茄子。

- ☑ 注意平衡膳食脂肪，使用椰子油、橄榄油、亚麻籽油、南瓜籽油做菜。
- ☑ 食用含DNA甲基转移酶（DNMT）多酚调节剂的食物，如13克姜黄、2杯绿茶、3杯乌龙茶等。
- ☑ 补充益生菌和植物营养素：益生菌（植物乳杆菌，4 000万菌落总数）和蔬菜粉。

(·4周控糖！肌肤的"糖排毒"计划·)

你可以通过在短期（4周）内尽可能减少糖的摄入，以减轻肌肤炎症，促进皮肤愈合。

第1周	日常食物中不添加额外的糖
第2周	不食用任何含糖的加工食品（包括奶茶、蛋糕、饼干、面包等）
第3周	继续坚持，并关注自己的情绪、皮肤变化
第4周	不食用任何含糖的食物（包括各类水果）

在此期间，我们可以通过日记的方式记录自己的皮肤变化。4周之后，我们可以正常地食用水果，它们是我们抗氧化剂的重要来源，但仍然要限制其他含糖食品的摄入。

(生活计划！让肌肤从内而外变健康)

◎ 每周至少坚持5天运动，每次运动时间至少30分钟，强度为最大心率的60%~80%。

◎ 每晚至少睡够7小时。

◎ 每天进行2次静坐调息，尽量放松自己。

敏感肌的4周打卡计划！

从今天开始行动！通过4周的打卡计划让你的敏感肌快速恢复健康（随书附赠"4周打卡计划表"）。

第1周

• 保持正常饮食！注意开始控制糖分的摄入，除早、中、晚正餐之外，尽量不要额外地摄入食物。

• 每日的食谱应包含蔬菜、水果、蛋白质（鸡蛋、牛奶）、少量坚果。

• 在第1周，您可以偶尔化妆，每周使用1~2次面膜，并开始使用含推荐成分的修复类护肤品！对每日使用的护肤品进行记录。

• 使用电子手表对自己的运动、睡眠情况进行记录。

第2周

• 从第2周起，您需要对自己的饮食进行调整，在上周饮食的基础上，不食用任何含糖的加工食品（如奶茶、蛋糕、饼干、面包等）。如：早餐，水果+鸡蛋+牛奶；午餐，肉类+蔬菜+米饭；晚餐，玉米/番薯+蔬菜水果沙拉。

• 从这周起，您可以尝试减少使用彩妆（如粉底）的频率。

• 逐渐增加每日的运动量，保证每日超过7小时的睡眠时间！

第3周

• 从这周开始，尽量食用自己制作的每日三餐，如：早餐，水果+坚果+牛奶；午餐，肉类+蔬菜+米面；晚餐，蔬菜水果沙拉。

• 拒绝加工食物（各类零食）的摄入！拒绝摄入糖分（但仍然可以食用适量的水果）。

• 尝试尽量不化妆，可以偶尔使用一些轻薄的隔离乳、素颜霜。

• 增加每日运动量！把入睡时间调整到晚上11点前！

第4周

坚持最后一周！

• 在这周，您需要拒绝任何对肌肤有害的食物和生活习惯，每日坚持健康的饮食，如：早餐，水果+坚果+牛奶；午餐，肉类+蔬菜+米面；晚餐，蔬菜水果沙拉。完全按照健康的饮食和生活方式进行打卡。

第十章

敏感肌警惕发展成这些皮肤疾病!

敏感肌和皮肤过敏

很多人都不清楚，"敏感"和"过敏"究竟有什么区别？皮肤科医生常常会听到这样的抱怨："医生，我的脸太容易过敏了！什么护肤品都不能用""医生，我的皮肤很薄，经常红红的，还会刺刺痒痒的，吃了抗过敏药也不管用"。这究竟是敏感还是过敏呢？

敏感肌和皮肤过敏都会表现出对化妆品的不耐受，但二者截然不同。敏感肌更多表现在皮肤处于一种不耐受的状态，任何涂抹在皮肤上的护理产品和化妆品，都会导致皮肤发红、发痒、发烫、刺痛，甚至出现脱皮和紧绷感，这通常是由于皮肤变薄、皮肤防护功能下降而出现的一种过度反应，这种敏感肌的状态可以通过调理恢复到正常状态。

而皮肤过敏是指皮肤对某种特定的成分过敏，皮肤科医生将这类成分称为"过敏原"。

常见的皮肤过敏包括荨麻疹、湿疹、接触性皮炎等，通常由于这部分人群的体质比较特殊，一旦接触某些物质后就会发生过敏反应，比如一些人可能对护肤品中的某种成分过敏，一使用就会出现红肿、发痒，停掉之后皮肤就会恢复正常。

如何判断自己是不是真正的过敏？

真正的过敏可以通过特定的皮肤检测手段进行排除，有3种方法。

- ◎ **皮肤点刺试验**：将含有食物、吸入物过敏原的液体滴在刺破表皮的皮肤表面。
- ◎ **抽血化验**：检测食物和呼吸道的过敏原。
- ◎ **斑贴试验**：将过敏原贴在皮肤表面，用来找出染发、手表项链材质、化妆品过敏等接触性过敏的原因。

如果你怀疑自己对某一种化妆品过敏，可以将它带到医院去进行过敏原检测，如果确实是阳性结果，那么以后都不能使用这种产品；如果只是轻微的刺激反应，则提示可能最近你的皮肤比较敏感，需要通过肌肤护理来增厚自己的皮肤屏障，等肌肤自我修复之后，这种产品还可以继续使用。

· 皮肤过敏了怎么办？ ·

轻微的皮肤过敏，只会出现轻度红斑、少许脱皮，不伴有明显的瘙痒、水肿、疼痛。遇到这种情况，只需要避免接触可疑的过敏物质，并使用生理盐水和纱块局部湿敷，外用温和的保湿乳，等待皮疹自行消退即可。

严重的皮肤过敏，会表现为明显的瘙痒、灼痛、水肿、水泡、流水等，甚至进一步发生皮肤感染，你可以尝试口服抗过敏药缓解症状，并及时到医院就诊，根据医生的建议进行口服和外用药的治疗。

(·如何预防皮肤过敏？·)

 避免接触过敏原

对过敏的人来说，最重要的就是避免接触过敏原，如果你不确定自己对什么东西过敏，可以在医院做相关的过敏原检测帮助你找到过敏的物质。但我们生活中接触到的物质不计其数，医院检测并不能发现所有的过敏原，因此，你可以在生活当中对自己接触的物质、饮食进行记录和观察，对比分析自己可能过敏的物质，并尽量避免接触。

 打扫干净环境卫生

日常生活中，我们在打扫的时候常常忽略一些死角，比如柜顶、床底、家具缝隙、空调滤网等，这些地方很容易堆积灰尘，还有床单、被褥、地毯、毛绒玩具等都是尘螨、霉菌繁殖的温床，一定要定期清洗并使用紫外线等进行消毒暴晒。如果条件允许的话，可以使用吸尘器和空气过滤器等，减少空气中悬浮的微颗粒。

 改善生活方式

容易过敏的人要注意保持饮食的均衡和丰富性，挑食的人会更容易出现过敏，少食用鱼虾、牛羊肉、辛辣刺激的食物，多吃蔬菜、水果等富含维生素C的食物。

除了饮食之外，精神状态也很重要，每天至少睡够7个小时，作息规律、不熬夜，避免长期处于焦虑、紧张的状态，每天保持运动。

 科学护肤

在过敏原大家族中，护肤品过敏其实是最轻的，因为它的使用量其实很小，而且在皮肤的穿透力方面有限。但由于化妆品的使用非常广泛，尤其是爱美的女性对这些化妆品成分过敏的话，就比较不幸了。

防腐剂

化妆品过敏最常见是由防腐剂引起的，但这里需要强调的是，除了如冻干粉那样采用了冷冻干燥技术保证护肤成分的有效性，几乎所有化妆品都需要添加防腐成分。最常见的是对羟基苯甲酸酯类（Parabens）和甲基异噻唑啉酮/甲基氯异噻唑啉酮（MIT/CIT），这两种防腐剂使用得非常广泛，下面列举部分它们在化妆品中的名称。

对羟基苯甲酸甲酯（尼泊金甲酯）	对羟基苯甲酸乙酯
对羟基苯甲酸丙酯	对羟基苯甲酸丁酯
甲基异噻唑啉酮	甲基氯异噻唑啉酮
苯甲酸钠	苯甲酸
脱氢乙酸	山梨酸钾
山梨酸	脱氢乙酸钠
2-溴-2-硝基-1,3-丙醇	5-溴-5-硝基-1,3-二氧六环
季铵盐-15	乙内酰脲
苯甲醇	苯氧乙醇
双咪唑烷基脲	碘丙炔正丁氨基甲酸酯

对大部分人来讲，这些被允许添加的防腐成分本身没有问题，并且它们在护肤品中几乎找不到替代品！但如果你对这些成分有过敏反应那就比较麻烦了。

关于防腐剂安全性的思考方法

化妆品开封后会混入很多杂菌，这些细菌的繁殖很可能导致化妆品变质，甚至还有可能危及健康。所以绝大部分化妆品都会添加防腐剂。

我们注意到，皮肤较弱的人分为很多不同的类型。有一些敏感性皮肤无法使用尼泊金酯类防腐剂，也有一些肤质完全可以使用。此外，也有一些人虽然能使用尼泊金酯类防腐剂，但无法使用苯氧乙醇，还有一些人两者皆不能用。所以我们也不能谈"腐"色变，要综合其添加类型和添加量选择适合自己的产品。

脂肪酸类

如硬脂酸、肉豆蔻酸、棕榈油、油酸。

香精和精油

这类成分也是过敏的重灾区，欧盟已经规定，在使用这些产品时，必须单独列出以下这26种常见的过敏原（如果含有的话）。

戊基肉桂醛	苯甲醇	肉桂醇
柠檬醛	丁香酚	羟基香茅醛
异丁香酚	戊基肉桂醇	水杨酸苄酯
肉桂醛	香豆素	香叶醇

新铃兰醛	茴香醇	肉桂酸苄酯
金合欢醇	丁苯基甲基丙醛	芳樟醇
苯甲酸苄酯	香茅醇	己基肉桂醛
柠檬烯	2-辛炔酸甲酯	α-异甲基紫罗兰酮
橡苔提取物	树苔提取物	

这里再补充一点，过敏症状的严重程度其实跟产品中过敏原成分的含量也有关系，比如你对肉桂醛过敏，但并不是所有含有肉桂醛的产品都会使你过敏，只有当某个产品中肉桂醛的含量超过一定阈值时，你才会"中招"。

另外，在选择化妆品时，尽量远离那些带明显"香味"的化妆品，这能一定程度帮你过滤掉那些容易过敏的香精成分。

玫瑰痤疮

这是一个听起来非常美丽的皮肤疾病，正如它的名字一样，当它发作时，皮肤会变得跟玫瑰一样鲜红，虽然看起来很美丽，但实际上会给当事人带来很大的困扰。很多人，甚至部分皮肤科医生都可能把玫瑰痤疮和敏感肌混淆，但两者是完全不同的。

敏感肌是一种高反应性、耐受性差的皮肤状态，严格来讲，它并不是一种疾病。

而玫瑰痤疮是一种好发于面部的慢性炎症性皮肤病，它属于皮肤疾病的范畴，你也可以这样理解，如果敏感肌不加以控制，可能会进一步发展为玫瑰痤疮。玫瑰痤疮尤其高发于30岁左右、热衷于护肤的女性，如果你有以下这些皮肤表现，要警惕可能是玫瑰痤疮！

·潮红·

你可能在青少年的时候，就发现自己"天生容易脸红"，面部比常人更容易出现暂时性的发红，这正是神经敏感的特征，也是玫瑰痤疮的早期表现。

·暂时性红斑·

敏感肌可能会因为用"错"了护肤品出现皮肤发红，而玫瑰痤疮不一样，它是由于皮肤发生了炎症，会出现持续时间更长、更严重，甚至不会自行消退的皮肤红斑。

·红斑的分布位置·

敏感肌的皮肤发红通常没有固定的区域，或者仅仅出现在接触了比较刺激的护肤品区域的皮肤。

而玫瑰痤疮的红斑通常出现在面颊、鼻部、前额、下颌区域。

·丘疹、脓疱·

玫瑰痤疮除了会出现皮肤发红，持久不消褪的红斑，还会出现丘疹、脓疱等类似于"长痘"的现象。

·红血丝·

部分玫瑰痤疮患者不仅脸蛋通红，还会出现一条条的"红血丝"，这一现象在部分酷爱喝酒的男性中尤为常见，我们将之形象地称为"酒渣鼻"。

鉴别要点	敏感肌	玫瑰痤疮
肤色	任何肤色	好发于浅肤色
年龄	任何年龄	好发于30岁左右中青年
病因	原发性（后天原因诱发）	继发性（疾病继发）
皮肤屏障受损	护肤不当、过度清洁、医美术后护理不当	玫瑰痤疮炎症破坏皮肤屏障
屏障受损程度	较玫瑰痤疮轻	较单纯性敏感肌重
神经源性炎症	较轻	严重
症状	早期仅有干燥紧绷，当出现红斑时可有刺痛、灼热，一般不痒	皮肤明显干燥、刺痛、灼热，可有瘙痒
体征	暂时性红斑，可有干燥脱屑	持续性红斑，干燥脱屑、毛细血管扩张
潮红（神经敏感）	通常无	早期（青少年）常（仅）有潮红，而无皮肤干燥红斑
本质	不耐受、高反应性皮肤状态	慢性炎症性皮肤病
可否根治	可	否

激素依赖性皮炎

糖皮质激素药膏是皮肤科医生非常喜欢使用的一类药膏，它们对过敏、皮炎具有立竿见影的效果。部分敏感肌的朋友在皮肤科就诊之后，可能被开具这种药物用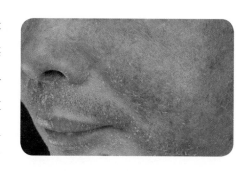于缓解敏感肌发红、灼热、瘙痒等不适的感觉。

但我们需要警惕的是，长期、反复地使用这一些效果迅速的激素药膏，可能会让你患上另外一种皮肤疾病——激素依赖性皮炎。激素依赖性皮炎是由于不规范外用糖皮质激素（简称"激素"）类药物或长期外用含有激素的化妆品，而出现的一种面部皮炎，表现为面部紧绷、灼烧、干燥感，呈现出时轻时重、反复发作的特点。

为什么会出现激素依赖性皮炎?

很多朋友其实根本不知道自己使用的是激素。一些人可能经"朋友"介绍，说某产品用了之后效果特别好，皮肤变得光滑透白，于是便在"朋友"劝说下购买了这些护肤产品，短时间使用之后皮肤确实有了明显改善，但时间久了会发现，一旦停用，皮肤就会变得奇差无比，甚至在使用了1～2年之后，皮肤变得越来越薄、干燥、敏感，甚至出现红血丝。

当然，还有一些朋友是因为面部皮炎，长期去医院开一些处方药，而这些药膏中往往含有激素，当用量太大或者用时太长，就会出现"激素脸"——药膏继续使用就没事儿，但只要一停药，不超过3天，脸部就会出现红、痒、灼热感。

出现红、痒、灼热的原因

◎ 激素会抑制细胞DNA合成和有丝分裂，抑制角质形成细胞的增殖和分化，导致皮肤变薄，最后甚至会薄到皮肤下层的血管暴露，出现肉眼明显可见的红血丝。另外，表皮变薄还意味着角质层保不住水，水分更容易经皮肤流失，皮肤随之变得干燥、脆弱。

◎ 皮肤屏障功能的损害还会导致各种炎症因子的激发，比如IL-6、IL-1α、TNF-α、粒细胞集落刺激因子（GSF）等，这会导致皮肤直接出现反复的发红、丘疹等炎症反应。

◎ 激素的长期外用还会导致皮肤对微生物的抵抗力下降。微生物肆虐生长从而加重皮肤的炎症。

（·如何自我判断是否患有激素依赖性皮炎·）

通常来讲，皮肤科医生认为符合下面3个条件就可以被诊断为激素依赖性皮炎。

☑ 具有以下3种皮肤外观之一

- ◎ 玫瑰痤疮样皮疹：如泛红、灼热、丘疹、脓疱、毛细血管扩张。
- ◎ 接触性皮炎样皮损：如红斑、水泡、渗液，甚至肥厚、鳞屑样的外观。
- ◎ 湿疹样皮损：如红斑、丘疹、结节、糜烂、渗液等。

☑ 皮肤具有明显的不适感

瘙痒、灼热、干燥感（通常在停止使用激素药膏3天左右后出现）。

☑ 8周以上的时间外用糖皮质激素药膏或成分不明的护肤品

如果你需要更确切的诊断，建议寻求专业的皮肤科医生进行确诊。

第四节

化妆品过敏

化妆品中的功效性成分能让我们的皮肤更健康、年轻、美丽，但也可能会让我们的皮肤出现过敏。

部分人群使用完化妆品之后，立刻就会出现皮肤过敏的反应，这个时候可能很容易就意识到"是不是用了这个化妆品过敏了？"这其实在医学上叫做"速发型过敏反应"，表现为化妆品涂抹之后的皮肤，会迅速出现瘙痒、发烫、丘疹、鼓包。

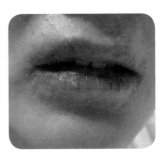

还有一种化妆品过敏反应不容易被察觉，这种过敏反应不会马上发生，而会在使用完化妆品一段时间后，才会慢慢出现皮肤发红、瘙痒、丘疹等。

·为什么会出现化妆品过敏？·

当出现化妆品过敏的时候，很多朋友都会感到疑惑"为什么我会过敏？是因为我的皮肤太敏感了么？"化妆品过敏其实有很多的原因。

化妆品中含有刺激、容易致敏的成分

我们把这种反应称为"化妆品接触性皮炎"。如今化妆品的使用非常广泛，据相关统计，至少有1%～3%的女性对化妆品有过过敏现象。轻者仅仅表现为局部皮肤瘙痒，少许红斑、丘疹和轻微的皮肤水肿反应，严重的则会表现为明显的皮肤水肿，还伴随有弥漫型皮肤红斑，出现水泡、糜烂、渗液等。

化妆品本身含有的成分非常复杂，这里列举一些常见的容易过敏的原料。

香精	是化妆品中最常见的接触性过敏原因。部分化妆品标签中对香料的成分说明只是简单标记为"香精"，但产品当中可能添加了多种香精成分
防腐剂	化妆品中常用的防腐剂有甲醛及其释放剂、异噻唑啉酮等，如果你确实对它们过敏，选择冻干类的护肤产品更优
其他	染发产品也是过敏的重灾区，我们甚至能在门诊上见到理发师给顾客染发，出现皮肤过敏来皮肤科就诊的尴尬情况。氧化型永久性染发剂对苯二胺（PPD）是一种常见的过敏原，占由护发产品造成的变应性接触性皮肤中的35.8%
其他	洁面、肥皂和洗发产品中含有的椰油酰胺丙基甜菜碱（CAPB）、油酰氨丙基二甲胺（OAPD）、3-二甲氨基丙胺等表面活性剂也可引起过敏反应。如果你新换了洁面乳后出现皮肤不舒服的感觉，很可能是因为对其中的表面活性剂过敏 另外，睫毛膏、眼影也容易出现过敏。重金属如睫毛膏和眼影中的镍、钴、铬等可能造成眼部过敏，患病率为30%～77%。指甲油中含有的甲苯磺胺、甲基丙烯酸酯等成分也可引起过敏

香精的安全性正与时代共同进步

有时使用香精会给皮肤造成负担，所以香精业界和化妆品业界一直遵循严格的机制，自主限制香精成分的使用。香精业界设立了"国际日用香精研究所"（RIFM），旨在研究更安全的香精使用方法，并针对各种香精成分做出安全性的相关评测。而世界性香精业界组织——国际香氛协会（IFRA）则会遵循RIFM的评测结果，提供对消费者和环境更为安全的产品。例如，决定放弃使用一些香精成分，或是根据化妆品性质不同，设定不同的使用量上限等。

随着时代的发展，香精的研究不断推进，使用日益规范，如今我们已经能更加放心地使用香精了。

 皮肤屏障功能被破坏

简单来说，如果最近的皮肤比较敏感，那么就意味着皮肤的保护功能不足，神经末梢受到的保护随之减弱，更容易对化妆品中的原料出现过敏反应。

 非法添加违禁成分或限用成分浓度超标

当然，我们国家如今对护肤品的监控非常严格，如果购买正规品牌的护肤品不存在这个问题。

（·化妆品过敏会出现哪些皮肤表现？·）

事实上，化妆品过敏会出现五花八门的皮肤表现。

 接触性皮炎

这是跟我们印象中的"过敏"最接近的皮肤表现，表现为皮肤疼痛或烧灼感，也可伴有瘙痒感，严重的还会出现皮肤水肿、红斑、脱屑，甚至起水泡、流水等。

 光感性皮炎

之后的化妆品过敏反应大家可能就比较"陌生"了，这类成分本身没什么问题，但遇到阳光之后就会"性情大变"！导致皮肤出现光毒性、光变应性皮炎，表现为日晒部位皮肤出现红斑、丘疹、水泡。如果长期使用这类具有光毒性的护肤品，皮肤还会变得越来越粗糙、肥厚，形成厚重的痂。

 皮肤色素异常

即接触化妆品区域的皮肤出现色素改变，一般表现为变黑，也可以表现为变白。

唇炎

相信爱美的姑娘们都深有体会！用完某些口红后，嘴唇可能会变得干燥、起皮、瘙痒，严重者甚至会出现水泡、糜烂、结痂，久而久之，嘴唇会变得粗糙、发黑……如果遇到这种唇部化妆品，最好立即停止使用，更换为其他不会引起唇部反应的口红、唇膏。

 痤疮

确实存在一些化妆产品，如可可油、棕榈酸异丙酯、羊毛脂、肉豆蔻醇乳酸酯、神经酰胺、卵磷脂、角鲨烷、维生素E，以及植物护肤精油，还有一些防晒剂，使用之后可能导致皮肤长痘，特别是对于油性肌肤而言。

第五节

特应性皮炎

你可能对特应性皮炎（CAD）这个名字比较陌生，但换个名字——湿疹，大家应该就很熟悉了。特应性皮炎是一种非常常见的瘙痒性、慢性炎症性皮肤疾病，随着经济的发展，人们的压力也越来越大，压力会促使神经信使进入皮肤，引发皮肤瘙痒的症状，恶化皮肤疾病。

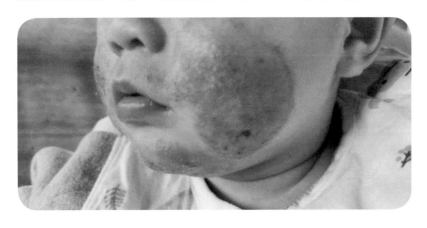

（·特应性皮炎究竟是什么呢？·）

特应性皮炎是一种基因病变导致的免疫平衡失调，表现为皮肤干燥、瘙痒性湿疹，并且可伴随一系列的皮肤过敏反应，值得注意的是，特应性皮炎非常常见，并且广泛见于婴儿、儿童、成年人、老年人等全年龄段的人群。

你可以通过以下4个方面进行自我识别是否患有特应性皮炎。

 临床症状

全年都有或季节性的，局限性、全身的皮肤干燥、起皮；反复发作的有瘙痒感觉的皮疹，皮疹通常在运动、晒太阳、出汗之后加重，瘙痒症状通常在夜间会更明显。

皮疹好发的位置

婴儿时期的特应性皮炎主要分布在面部、头皮、耳廓、耳道、四肢伸侧；儿童期分布在眼睑、口唇、乳头、颈部、四肢屈侧、手足的部位；青少年与成年人和儿童的分布范围基本相似，有时候会局限在身体的某一处皮肤；特应性皮炎在老年人的皮肤上表现会更复杂，可以表现为各种多变的皮疹，但多以四肢伸侧为主，常常累及全身皮肤。

存在过敏性疾病的病史

小时候有过敏性疾病的病史，如鼻炎、哮喘、湿疹、食物过敏等；或有家族成员过敏性疾病史，也就是说父母、同胞的兄弟姐妹有过敏性鼻炎、哮喘、过敏性结膜炎、食物过敏的病史。

临床检查

还可进一步完善抽血检查，这部分人群通常会伴有嗜酸性粒细胞计数和总免疫球蛋白E的升高，如果在医院进行过敏原的检查也可能为阳性结果。

·我为什么会出现特应性皮炎？·

如前所述，特应性皮炎事实上十分常见，甚至很多朋友会被错误诊断为其他皮肤疾病。

特应性皮炎的发生跟遗传的过敏体质有关系。本质上是和皮肤自身的防御、免疫功能失调有关。一方面，皮肤自身产生皮脂的能力下降，这会直接导致皮肤对外界有害物质的"屏障防御功能"减弱，皮肤会容易受到有害微生物的侵袭，出现反复的发炎，甚至进一步感染。另一方面，由于皮肤表面的微生物活跃，免疫系统会被激活，活跃的免疫系统虽然能帮助我们清除掉病原体，但也会攻击我们的皮肤，导致皮肤的炎症更加严重。

（ ·吃的不对？加剧特应性皮炎！ · ）

我们吃下去的食物会直接给皮肤供应营养，吃对了皮肤才会更健康，吃不对，则可能加剧皮肤问题。

特应性皮炎患者应注重摄入 ω-3脂肪酸和 γ-亚麻酸，它们都具有抗炎作用。ω-3脂肪酸还可以滋润皮肤；由于特应性皮炎体内自身的合成酶无法正常工作，会造成 γ-亚麻酸的缺乏，导致皮肤无法有效抵御病原体。

如果你是过敏体质，又有妊娠的打算，这些措施能帮助你减少宝宝罹患特应性皮炎（湿疹）的风险

- 在宝宝6个月大之前完全进行母乳喂养，能帮助宝宝肠道菌群和免疫系统的建立。
- 6个月之后的宝宝则应该添加辅食，有助于锻炼宝宝的免疫系统，经过细菌分解后的植物纤维，还能帮助丰富宝宝的肠道菌群，加强免疫系统，预防过敏反应。

!! 警惕妊娠期过敏!

据研究发现，妊娠期过敏更有可能导致出生的宝宝患有特应性皮炎。而这些母亲如果能在怀孕3个月时食用含有ω-3脂肪酸的鱼肉，则能降低她们小孩以后发生特应性皮炎的可能性。

· 特应性皮炎这样护理 ·

也许你并不确定自己是否被诊断为特应性皮炎，但这些皮肤护理的方法，对反复的皮肤瘙痒、起疹子都有所帮助，如果你有这些皮肤困扰，不妨参考下面这些内容。

- 不频繁洗澡，洗浴时间不要过长（<10分钟），沐浴完及时涂抹保湿乳。

- 保持生活环境的干净和维持适当的湿度，干燥、高温的环境都会使皮肤丢失掉珍贵的水分。

- 尽量减少清洁产品的使用（如肥皂、香皂、强清洁性的沐浴露），避免使用香水，避免穿羊毛、合成纤维织物（如聚酯纤维）的衣物。

- 保湿身体乳尽量选择无色、无味、无刺激性的温和保湿产品。

- 必要时在医生指导下局部外用一些糖皮质激素药膏。